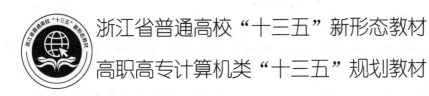

浙江省普通高校"十三五"新形态教材

高职高专计算机类"十三五"规划教材

ASP.NET 程序设计立体化教程

主　编　袁　芬

副主编　蔡斌杰　刘雷霆　张　莉

参　编　张　莉　张　越

U0277865

西安电子科技大学出版社

内 容 简 介

本书系统介绍了 ASP.NET 程序设计的基本知识，主要内容包括：ASP.NET 概述、ASP.NET 内置对象、ASP.NET Web 窗体和服务器控件、ASP.NET 页面验证技术、ADO.NET 与数据绑定技术和.NET Web 服务。

本书以一个大案例"学生信息管理系统"贯穿始终。每一章除了详细介绍相关理论知识点以外，还配套有实战案例中相应功能的开发视频，不仅有利于读者掌握理论知识，同时也能快速地领会理论知识如何运用到实战项目开发中。读者可通过扫描书中的二维码，获取实战项目开发的操作视频和相关知识点讲授。

本书主要面向高职高专学生和 ASP.NET 程序设计的初学者，可作为高职院校计算机专业相关课程的教材，也可作为计算机初学者的参考资料。

图书在版编目 (CIP) 数据

ASP.NET 程序设计立体化教程 / 袁芬主编. —西安：西安电子科技大学出版社，2019.8
ISBN 978–7–5606–5411–9

Ⅰ. ① A… Ⅱ. ① 袁… Ⅲ. ① 网页制作工具—程序设计—高等职业教育—教材
Ⅳ. ① TP393.092.2

中国版本图书馆 CIP 数据核字(2019)第 158011 号

策划编辑 刘小莉
责任编辑 王晓莉 阎 彬
出版发行 西安电子科技大学出版社(西安市太白南路 2 号)
电 话 (029)88242885 88201467 邮 编 710071
网 址 www.xduph.com 电子邮箱 xdupfxb001@163.com
经 销 新华书店
印刷单位 陕西天意印务有限责任公司
版 次 2019 年 8 月第 1 版 2019 年 8 月第 1 次印刷
开 本 787 毫米×1092 毫米 1/16 印 张 8.25
字 数 189 千字
印 数 1～3000 册
定 价 26.00 元

ISBN 978-7-5606-5411-9 / TP

XDUP 5713001–1

如有印装问题可调换

前　言

随着因特网的普及推广，Web 开发技术得到了迅速发展，对 Web 应用程序开发人员的需求量也越来越大，ASP.NET 技术已经成为 Web 应用开发的主流技术之一。ASP.NET 是微软公司推出的 Web 开发平台，具有方便、灵活、性能优、安全性高、完整性强等特点，是目前主流的网络编程环境之一。

本书按照项目导向和任务驱动的方式进行编写，全书以一个大案例贯穿始终，进行知识点和实践操作的讲授，以便读者能够全面了解如何开发基于 ASP.NET 技术的 Web 应用系统。作为"项目贯穿，任务驱动，理论实践一体化"教学方法的载体，本书主要有以下特色：

(1) 完整的项目贯穿教学。

基于真实软件开发过程，选用典型的 Web 应用系统(学生信息管理系统)作为教学载体。本书根据真实项目开发过程，完整介绍项目开发的每个模块，并把 ASP.NET 程序设计理论知识贯穿到项目开发过程中。

(2) 实践性强。

本书以"理论够用、突出实践"和"精讲多练"为编写原则，内容的组织偏工程性，强调实践操作能力的培养。

(3) 本书配套资源丰富。

本书配套有微课资源、课件资源等，读者可通过扫描二维码获取相应资源。

本书的编写框架由浙江长征职业技术学院袁芬拟定。袁芬担任主编，浙江长征职业技术学院蔡斌杰、刘雷霆、张莉担任副主编，河北机电职业技术学院张莉、张越参编。全书由袁芬完成最后的统稿。

本书主要面向高职高专学生和 ASP.NET 程序设计的初学者。由于时间仓促，加之编者水平有限，书中难免有不少缺点或疏漏之处，恳请读者批评指正，以便再版时修订完善。

编　者
2019 年 5 月

目 录

第 1 章 ASP.NET 概述

任务 1.1 Web 应用程序概述

【任务目标】

(1) 了解 Web 应用程序的体系结构。

(2) 了解 Web 应用程序的开发技术。

Web 应用程序是指通过 Web 服务器来完成应用程序的功能，并将运行的结果通过网络传递给终端用户，终端用户使用 Web 浏览器来运行的应用程序。

任务 1.1 信息系统体验

1.1.1 Web 应用程序体系结构

目前在 ASP.NET Web 项目开发中，较为主流的开发模式是三层逻辑体系结构，即数据访问层、业务逻辑层、用户表示层。

数据访问层涉及数据库本身、存储过程以及提供数据库接口的组件，为后台数据库服务；业务逻辑层指的是封装了应用程序逻辑的组件，如由 .vb、.cs 等文件编译而成的 .dll 组件；用户表示层指的是后缀名为 .aspx 的 Web 应用程序界面。

1.1.2 Web 应用程序开发技术

Web 应用程序的开发技术分为两类：基于客户端的开发技术和基于服务器端的开发技术。

基于客户端的开发技术是指开发的代码在客户机上运行，主要有 HTML 语言、CSS 技术、客户端脚本技术、DHTML 技术、DOM 技术、Active X 技术和 Java Applet 等。

基于服务器端的开发技术是指开发的代码在服务器上运行，主要有 CGI 技术、PHP 技术、ASP 技术、ASP.NET 技术和用于后台数据处理的 Web 应用程序技术。

任务 1.2　认识 ASP.NET

【任务目标】

(1) 了解 ASP.NET 的优势。

(2) 了解 ASP.NET 的关键技术和 ASP.NET 的基本应用程序文件。

ASP.NET 是一个用于 Web 开发的全新框架，其中包含了许多新的特性。它使用的是成熟的编程语言，如 Vb.NET 和 C#。ASP.NET 使用编译后的语言，从而提升编程语言的性能和伸缩性；ASP.NET 提供了更易于编写、结构更清晰的代码，这些代码更容易进行再利用和共享。ASP.NET 是一个里程碑式的版本，它简化了开发人员的工作量。

1.2.1　ASP.NET 的优势

ASP.NET 是建立在公共语言运行库上的编程框架，与过去的 Web 开发模型相比，ASP.NET 的优势突出体现在以下几个方面。

(1) 增强性：ASP.NET 是在服务器上运行的已编译好的公共语言运行库代码，还可利用早期绑定、实时编译、本机优化等来提高性能。

(2) 灵活性：由于 ASP.NET 基于公共语言运行库，.NET 框架类库、消息处理和数据访问解决方案都可以通过 Web 无缝访问。

(3) 简易性：ASP.NET 使执行任务变得很容易，从简单的窗体提交、客户端身份认证到部署和站点配置，都能轻易实现。

(4) 可管理性：ASP.NET 采用基于文本的分层配置系统，可简化应用服务器环境和 Web 应用程序的设置。

(5) 可缩放性和可用性：ASP.NET 在设计时考虑了可缩放性，增加了专门用于在聚集环境和多处理器环境中提高性能的功能。

(6) 安全性：ASP.NET 借助内置的 Windows 身份认证和基于每个应用程序的配置，可以保证应用程序是安全的。

1.2.2　ASP.NET 的关键技术

ASP.NET 完全基于模块与组件，具有更好的可扩展性和定制性，在数据处理方面引入了许多新技术。

(1) 事件驱动：ASP.NET 允许用服务器控件取代传统的 HTML 元素，并充分支持事件驱动机制，编程人员不必考虑如何将服务器端的信息回送浏览器，每个控件都有属于自己的事件，每个事件都会触发一个事件处理。

(2) 代码隐藏技术：ASP.NET 中引入了代码隐藏(Code Behind)技术，通过使用代码隐藏技术、用户控件、自定义控件和组件等方法，可以很好地将程序的执行代码和逻辑代码分开，从而实现了结构化的 Web 页面设计。

(3) 数据绑定技术：在 ASP.NET 中有一些新的声明性数据，绑定性语法允许程序设计人员不仅可以绑定到数据源，还可以绑定到简单属性、集合、表达式或通过方法调用所返回的结果。

(4) 数据访问技术 ADO.NET：在 ASP.NET 的服务框架中包括了 ActiveX Data Objects+ (ADO.NET)类库。基于网络的可扩展应用程序和服务提供了数据访问服务，并考虑了可伸缩性、无状态性和 XML 的设计。

(5) 其他技术：ASP.NET 还采用面向对象机制、多语言支持、大型站点应用等。

1.2.3　ASP.NET 应用程序文件

在 ASP 中，文件类型只有一种扩展名为.asp 的文件，而在 ASP.NET 中，由于支持多种语言开发及支持编写 Web 服务，因此有很多程序文件类型。表 1.1 列出了 ASP.NET 应用程序常见文件类型。

表 1.1　ASP.NET 应用程序文件类型

名　　称	文件扩展名	用　　途
ASP.NET Web 窗体文件	.aspx	包含 ASP.NET 程序代码的文件，该文件可包含 Web 控件和其他业务逻辑
ASP.NET 页的代码隐藏文件	.cs、.jsl、.vb	运行时要编译的类源代码文件。类可以是 HTTP 模块、HTTP 处理程序，或者是 ASP.NET 页 HTTP 处理程序介绍的代码隐藏文件
Web 用户控件文件	.ascx	该文件定义自定义、可重复使用的用户控件
Global.asax 文件	.asax	该文件包含从 HttpApplication 类派生并表示该应用程序的代码
一般处理程序文件	.ashx	该文件包含实现 IHttpHandler 接口以处理所有传入请求的代码
XML Web services 文件	.asmx	该文件包含通过 SOAP 方式可用于其他 Web 应用程序的类和方法
跟踪查看器文件	.browser	浏览器定义文件，用于标识客户端浏览器的启用功能
Web.config 配置文件	.config	该文件包含设置、配置各种 ASP.NET 功能的 XML 元素
母版页	.master	定义应用程序中引用母版页的其他网页的布局
站点地图文件	.sitemap	该文件包含网站的结构。ASP.NET 中附带了一个默认的站点地图提供程序，使用站点地图文件可以很方便地在网页上显示导航控件
Visual Studio 项目目录	.csproj、.vbproj、.vjsproj	Visual Studio 客户端应用程序的项目文件
数据库文件	.mdf、.mdb、.ldb	数据库信息

任务 1.3　创建第一个 ASP.NET 程序

【任务目标】

(1) 了解 Visual Studio 集成开发环境。
(2) 创建第一个 ASP.NET 网站。

【任务实施】

任务 1.3　创建简单的 Web 应用程序

(1) 创建网站。打开 Visual Studio 应用程序，选择菜单"文件"→"新建"→"网站"命令，如图 1.1 所示。

图 1.1　创建网站

(2) 弹出如图 1.2 所示的"新建网站"对话框。设置网站位置并选择网站开发语言，单击"确定"按钮创建一个新网站。

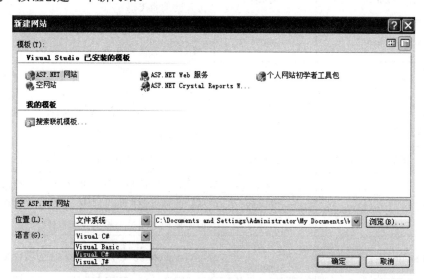

图 1.2　"新建网站"对话框

(3) 鼠标右键单击新建网站名称，在弹出的菜单中选择"添加"→"添加新项"命令，弹出"添加新项"对话框，如图 1.3 所示。选择"Web 窗体"，并命名为"welcome.aspx"。

图 1.3 添加新 Web 窗体

(4) 网站布局。从工具箱拖曳 Label、TextBox、Button 控件到"welcome.aspx"设计窗口，设计效果如图 1.4 所示。

图 1.4 设计窗口

(5) 鼠标右键单击新增加的控件，在弹出的菜单中选择"属性"命令，修改 Label1 控件的"Text"属性值为"请输入姓名："，Button1 控件的"Text"属性值为"确定"，如图 1.5 所示。

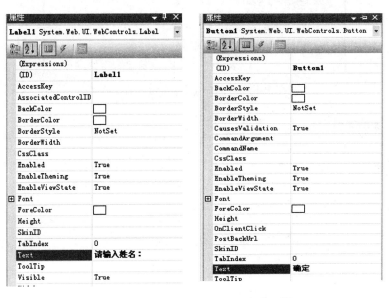

图 1.5 设置 Label 和 Button1 控件属性

(6) 添加事件代码。双击 Button 按钮或者选择 Button 按钮属性窗口的“Button_Click”事件，进入代码窗口，编写功能代码，如图 1.6 所示。

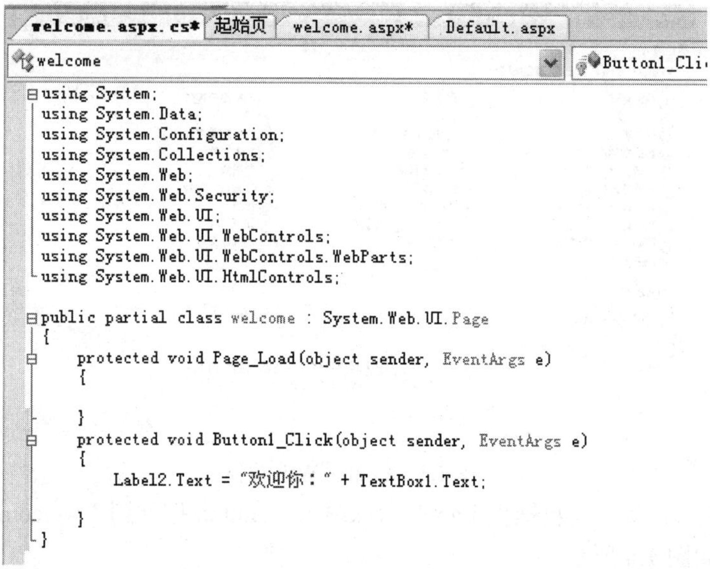

welcome.aspx.cs*
起始页
welcome.aspx*
Default.aspx
welcome
Button1_Cli
using System;
using System.Data;
using System.Configuration;
using System.Collections;
using System.Web;
using System.Web.Security;
using System.Web.UI;
using System.Web.UI.WebControls;
using System.Web.UI.WebControls.WebParts;
using System.Web.UI.HtmlControls;
public partial class welcome : System.Web.UI.Page
{
protected void Page_Load(object sender, EventArgs e)
{
}
protected void Button1_Click(object sender, EventArgs e)
{
Label2.Text = "欢迎你：" + TextBox1.Text;
}
}

图 1.6　编写后台代码

(7) 保存“welcome.aspx”文件，选择“调试”→“启动调试”命令，或按 F5 键，运行程序。第一次运行程序时，系统会询问是否添加启用的 Web.config 文件，如图 1.7 所示。单击“确定”按钮，得到程序运行结果，如图 1.8 所示。

未启用调试
由于未在 Web.config 文件中启用调试，因此无法在调试模式下运行该页。您希望做什么?
添加新的启用了调试的 Web.config 文件(A)。
在生产环境中部署网站之前，应在 Web.config 文件中禁用调试。
不进行调试直接运行(R)。(等同于 Ctrl+F5)
确定
取消

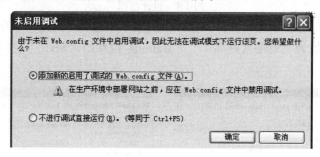

图 1.7　添加 web.config 文件

无标题页
请输入姓名：
红孩儿
确定
欢迎你：红孩儿

图 1.8　页面运行效果

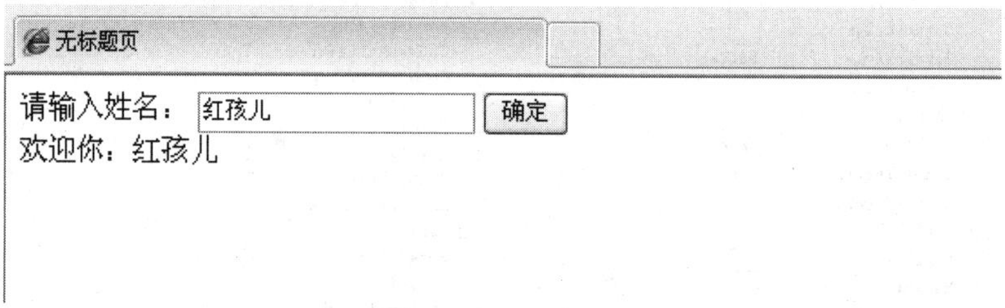

第 2 章　ASP.NET 内置对象

　　Web 应用程序开发中很重要的一个问题是 Web 页面之间的信息传递和状态维护。ASP.NET 提供了一些内置对象，如 Response 对象、Request 对象、Server 对象、Cookie 对象、Application 对象和 Session 对象，可以帮助 Web 开发人员来管理 Web 页面之间的状态，实现一些特定功能。

任务 2.1　使用 Response 对象实现用户登录功能

【任务目标】

　　(1) 掌握 Response 对象的基本工作原理。
　　(2) 掌握 Response 对象的常用方法。

任务 2.1　登录功能实现

2.1.1　Response 对象的常用方法

　　Response 对象用于输出数据到客户端，包括向浏览器输出数据、重定向浏览器到另一个 URL 或向浏览器输出 Cookie 文件等。

1. Write 方法

　　在 Web 开发中使用最频繁的功能是在网页上显示文本信息，Response 对象提供了 Write 方法来完成这一功能。下面的代码实现在页面上显示一段欢迎语句。

```
Response.Write("欢迎光临我的 ASP.NET 网站！");
```

　　除了可以将指定的字符串输出到客户端浏览器外，也可以把 HTML 标记输出到客户端浏览器。下面的代码使用 Write 方法向客户端浏览器输出一个无序列表。

```
Response.Write("专业名称列表：");
Response.Write("<ul>");
Response.Write("<li>计算机应用技术");
Response.Write("<li>软件技术");
Response.Write("<li>计算机信息管理");
```

　　使用 Write 方法也可以输出 JavaScript 脚本，客户端浏览器会识别并执行这些脚本程序。下面的代码向客户端输出一段 JavaScript 脚本代码，实现在客户端弹出一个信息提示框。

```
Response.Write("<script language = javascript>alert('Welcome!')</script>");
```

2. Redirect 方法

Response 对象的 Redirect 方法将客户端浏览器重定向到另外的 URL 上，即跳转到另一个网页。Redirect 方法常用于用户登录页面，可以使服务器对不同客户提供不同的登录页面。下面代码实现强制无条件重定向到另一个 Web 站点(例如百度首页)。

```
Response.Redirect("http://www.baidu.com");
```

下面的代码实现对用户在名称为"txtName"的文本框中输入的用户名进行判断，将不同的用户引导到不同的页面上。

```
Switch( txtName.Text)
{
    Case    "admin":
        Response.Redirect("ManagePage.aspx");
        Break;
    Case    "teacher":
        Response.Redirect("TeacherPage.aspx");
        Break;
    Case   Else
        Response.Redirect("StudentPage.aspx");
        Break;
}
```

3. WriteFile 方法

Response 对象提供了 WriteFile 方法，可以将指定的文件直接写入 HTTP 内容输出流。下面的代码将名为"file.txt"的文本文件的所有内容直接写入输出流。

```
Response.WriteFile("file.txt");
```

文本文件"file.txt"中的内容如下：

```
<html>
<body>
<ul>
    <li>计算机应用技术
    <li>软件技术
    <li>计算机信息管理
</ul>
</body>
</html>
```

2.1.2 用户登录功能实现

1. 任务情景描述

下面的示例实现用户登录功能，并限制用户名和密码输入错误在 3 次以内。错误在 3

次以内，以信息框的形式提示；错误超过 3 次以上，就锁定用户名和密码输入框。

2. 任务实施

(1) 添加一个新页面，并设计页面，设计效果如图 2.1 所示。

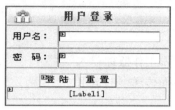

图 2.1　用户登录界面

(2) 为"登录"按钮 Button1 添加 Button1_Click 事件代码，代码如下：

```
static int i, j;
protected void Button1_Click(object sender, EventArgs e)
{
    if (tbx_id.Text == "admin")
    {
        if (tbx_pwd.Text == "admin")
        {
            Response.Redirect("welcome.aspx");
        }
        else{
            Response.Write("<script language = javascript>alert('密码错误，请重新输入密码！')
                    </script>");
            tbx_pwd.Text = "";
        }
    }
    else{
        Response.Write("<script language = javascript>alert('用户名错误，请重新输入用户名！')
                    </script>");
        tbx_id.Text = "";
    }
}
```

(3) 为"重置"按钮 Button2 添加 Button2_Click 事件代码，代码如下：

```
protected void Button2_Click(object sender, EventArgs e)
{
    tbx_id.Text == "";
    tbx_pwd.Text == "";
}
```

(4) 运行程序，测试各项功能。

任务 2.2　使用 Request 对象实现数据传递

【任务目标】

(1) 掌握 Request 对象的基本工作原理。

(2) 掌握 Request 对象在页面传递中的运用。

2.2.1　页内数据传递

1. 任务情景描述

下面的任务实现页面首次加载显示注册界面；当用户提交注册信息时，将获取的用户输入信息与客户端环境信息显示在当前页面下方，从而实现页内数据传递。

2. 任务实施

(1) 新建页面，命名为 Login.aspx，并添加相应的控件。3 个 TextBox 控件，分别用于输入用户名、密码和回答信息；1 个 DropDownList 控件，用于让用户选择提问的问题；两个 Button 控件，分别实现注册和取消功能；以及若干个用来显示信息的 Label 控件。页面设计效果如图 2.2 所示，当用户单击"注册"按钮后，页面运行效果如图 2.3 所示。

图 2.2　页面设计效果图

图 2.3　页面运行效果图

(2) 双击 btnOK 按钮进入到代码窗口，并实现 btnOK_Click 事件代码。

```
protected void btnOK_Click(object sender, EventArgs e)
{
    If(!Page.IsPostBack)
    {
        Label5.Text = "来自" + Request.ServerVariables["remote_addr"] + "的朋友，您好！";
        Label6.Text = "您当前运行的文件是：" + Request.ServerVariables["script_name"];
        Label7.Text = "以下是您提交的信息，请确认！<br>用户名：" + TextBox1.Text
                    + "<br>密码：" + TextBox2.Text + "<br>安全提示问题："
                    + DropDownList1.SelectedItem.Text + "<br>安全答案：" + TextBox3.Text;
    }
}
```

(3) 双击 btnCancel 按钮进入到代码窗口，并实现 btnCancel_Click 事件代码。

```
protected void btnCancel_Click(object sender, EventArgs e)
{
    TextBox1.Text = "";
    TextBox2.Text = "";
    TextBox3.Text = "";
}
```

程序说明：

① Page 对象的 Page.IsPostBack 属性可以用来判断页内是否有表单数据提交。Page.IsPostBack 属性值为 False 时，表示是第一次加载页面。在本程序中可以确保首次加载页面时，显示注册界面。

② Request 对象的 ServerVariables 属性可以用来获取服务器端和客户端的环境变量信息。例如：

```
Request. ServerVariables["remote_addr"];       //用来获取客户端的 IP 地址
Request. ServerVariables["script_name"];        //用来获取当前执行文件的路径
```

2.2.2 跨页数据传递

1. 任务情景描述

上例中 Login.aspx 用户注册页面实现的是同一个页面内数据传递，本任务要实现如何在另一个新页面上获取 Login.aspx 页面提交的数据，实现跨页数据传递功能。

2. 任务实施

(1) 添加一个新页面，命名为 Main.aspx，此页面用来获取并显示 Login.aspx 页面提交的信息。

(2) 在 Main.aspx 页面上添加两个 Button 控件用来实现确认用户注册信息和返回到 Login.aspx 页面功能。页面运行效果如图 2.4 所示。

图 2.4　页面运行效果图

(3)　Login.aspx 页面的"注册"按钮功能代码如下：

```
protected void    btnOK_Click(object sender, EventArgs e)
{
    If(!Page.IsPostBack)
    {
        Response.Redirect("Default.aspx?uid = " + TextBox1.Text + "&pwd = " + TextBox2.Text
            + "&tw = " + DropDownList1.SelectedItem.Text + "&da = " + TextBox3.Text);
    }
}
```

(4)　Main.aspx 页面的 Page_Load 事件中实现跨页传递数据，把 Login.aspx 页面中用户输入的注册信息，传递到 Default.aspx 页面中显示。

```
protected void Page_Load (object sender, EventArgs e)
{
    Response.Write("来自" + Request.ServerVariables["remote_addr"] + "的朋友，您好！");

    Response.Write("您当前运行的文件是：" + Request.ServerVariables["script_name"]);

    Response.Write("以下是您提交的信息，请确认！<br> 用户名：" + Request.QueryString("uid")
        + "<br>密码：" + Request.QueryString("pwd") + "<br>安全提示问题："
        + Request.QueryString("tw") + "<br>安全答案："
        + Request.QueryString("da"));
}
```

(5)　Main.aspx 页面的"确认"按钮功能实现，Button1_Click 事件代码如下：

```
protected void Button1_Click(object sender, EventArgs e)
{
    Response.Write("<script>alert("已成功创建您的账户!")</script>");
}
```

（6）Main.aspx 页面的"返回"按钮功能实现，Button2_Click 事件代码如下：

```
protected void Button2_Click(object sender, EventArgs e)
{
    Response.Redirect("Login.aspx");
}
```

（7）运行程序，测试各项功能。

任务 2.3　使用 Cookie 对象记录用户访问网站的时间和次数

【任务目标】

（1）掌握 Cookie 对象的基本工作原理。

（2）掌握 Cookie 对象的创建、读取、删除等基本操作。

任务 2.3　Cookie 实现记住
密码功能

2.3.1　Cookie 对象

对于 Cookie，在互联网上有一个比较成熟的描述性定义：Cookie 就是 Web 服务器保存在用户硬盘上的一段文本。Cookie 允许一个 Web 站点在用户的电脑上保存信息并且随后再取回它。

Cookie 是一小段文本信息，会随着用户请求和页面传递在 Web 服务器和客户端浏览器之间传递。用户每次访问站点时，Web 应用程序都可以读取 Cookie 包含的信息。Cookie 为 Web 应用程序保存用户信息提供了一种有效的方法。例如当用户访问一个站点时，可以利用 Cookie 保存用户信息，这样当用户下次访问该站点时，应用程序就可以检索以前保存的信息。

Cookie 与 Web 站点相关，与具体页面无关联。所以无论用户请求浏览站点中的哪个页面，浏览器和服务器都将交换 Cookie 信息。用户访问其他站点时，每个站点都可能会向用户浏览器发送一个 Cookie，而浏览器会将所有这些 Cookie 分别保存。

1. 创建 cookie 对象

创建 cookie 实例的代码为：

```
HttpCookie uncookie = new HttpCookie("username","qq");
```

把 cookie 信息 写到客户端的代码为：

```
Response.Cookies.Add(uncookie );
```

或者

```
Response.Cookies[Cookie 名称].Value = 变量值;
```

例如：

```
Response.Cookies["username"].Value = "yf";
```

2. 读取 cookie 对象

```
Request.Cookies["username"].Value ;
```

3. 删除 cookie 对象

删除一个 cookie 的方法可以是设置一个过期的、同名的 cookie 来覆盖原来的 cookie。例如：

```
HttpCookie uncookie = new HttpCookie("username", "qq");
uncookie.Expires = DateTime.Now.AddDays(-1);
Response.Cookies.Add(uncookie);
```

这里为 cookie 设置了一个一天前的有效期，实际上是让客户端浏览器来删除这个过期的 cookie。

2.3.2　记录用户访问网站的时间和次数程序的实现

1. 任务情景描述

本任务实现当用户第一次来访时，显示问候和首次光临本站的信息，并提示用户登录，运行效果如图 2.5 所示。当用户再次来访时，显示再次来访信息、访问次数以及用户上次来访的时间，运行效果如图 2.6 所示。

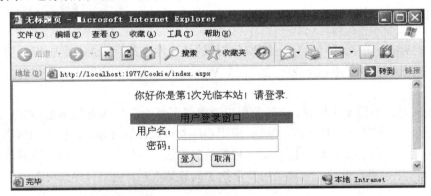

图 2.5　用户首次访问页面效果图

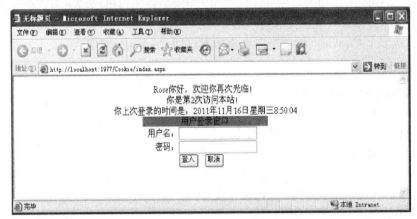

图 2.6　用户再次访问页面效果图

2. 任务实施

(1) 创建用户登录页面。添加 Label1、Label2 控件和 TextBox1、TextBox2 控件分别用

来输入用户名和密码；添加 Label3、Label4、Label5 控件分别用来显示用户的来访信息、访问次数和上次登录时间；添加 Button1、Button2 按钮用来实现登录或者取消功能，该页面控件设计可以参照图 2.5 所示。

(2) 为页面的 Page_Load 编写事件代码如下：

```csharp
protected void Page_Load(object sender, EventArgs e)
{
    if(!Page.IsPostBack)
    {
        if (Request.Cookies["username"] != null)
        {
            Label1.Text = Request.Cookies["username"].Value + "你好，欢迎你再次光临！";
            if (Request.Cookies["accenum"] != null)
            {
                int inum = Convert.ToInt32(Request.Cookies["accenum"].Value) + 1;
                Label4.Text = "你是第" + Request.Cookies["accenum"].Value + "次访问本站！";
                HttpCookie numcookie = new HttpCookie("accenum", inum.ToString());
                Response.Cookies.Add(numcookie);
                numcookie.Expires = DateTime.MaxValue;
            }
            if (Request.Cookies["accetime"] != null)
            {
                Label5.Text = "你上次登录的时间是：" + Request.Cookies["accetime"].Value;
            }
        }
        else
        {
            Label1.Text = "你好你是第 1 次光临本站！请登录.";
            HttpCookie numcookie = new HttpCookie("accenum", "2");
            Response.Cookies.Add(numcookie);
            numcookie.Expires = DateTime.MaxValue;
        }
    }
}
```

(3) 在页面的"设计"视图中双击 Button1 按钮(登录按钮)，在 Button1_Click 事件中编写事件代码如下：

```csharp
protected void Button1_Click(object sender, EventArgs e)
{
    HttpCookie timecookie = new HttpCookie("accetime", DateTime.Now.ToLongDateString()
                    + DateTime.Now.ToLongTimeString());
```

```
Response.Cookies.Add(timecookie);
HttpCookie usernamecookie = new HttpCookie("username", this.TextBox1.Text);
Response.Cookies.Add(usernamecookie);
timecookie.Expires = DateTime.MaxValue;
usernamecookie.Expires = DateTime.MaxValue;
this.Label1.Text = this.TextBox1.Text + "你好，登录成功！已在客户端记录您的登录信息。";
}
```

(4) 运行程序，测试各项功能。

任务 2.4　使用 Application 对象统计网站在线人数和访问网站的总人数

【任务目标】

(1) 掌握 Application 对象的基本工作原理。

(2) 了解运用 Application 对象实现应用程序状态同步。

任务 2.4　网站计数功能实现

2.4.1　Application 对象

Application 对象可以用来在整个应用程序中共享信息，只要是正在使用这个网页程序的用户都可以存取这个变量。每个 Application 对象变量都是 Application 对象集合中的对象之一，由 Application 对象统一管理。

1. 使用 Application 对象保存信息

(1) Application 对象保存信息。

```
Application["键值名"] = 值;
Application.Add("键值名", 值);
```

(2) Application 对象获取信息。

```
变量名 = Application["键值名"];
Application.Get("键值名");
```

(3) Application 对象修改键值。

```
Application.Set("键值名", 值);
```

(4) Application 对象删除。

```
Application.RemoveAll();
Application.Remove("键值名");
```

2. 应用程序状态同步

ASP.NET 同时处理客户端的请求，应用程序中的多个线程可以同时访问存储在应用程序状态中的值，所以有可能存在多个用户同时存取同一个 Application 对象的情况。这样就有可能出现多个用户修改同一个 Application 命名对象，造成数据不一致的问题。

HttpApplicationState 类提供两种方法 Lock 和 Unlock，以解决对 Application 对象的访问同步问题，一次只允许一个线程访问应用程序状态变量。

对 Application 对象调用 Lock 方法可以锁定当前 Application 对象，以便让当前用户线程单独进行写入或修改。当写入或修改完成后，对 Application 对象调用 Unlock 方法解决对当前 Application 对象的解锁，这样其他用户线程才能对 Application 进行修改。

(1) 只有调用 Lock 方法的用户线程才能对 Application 对象调用相应的 Unlock 方法，解除对其他用户线程的修改限制。

(2) Lock 方法和 Unlock 方法应该成对使用。

```
Application.Lock();
Application["键值名"] = 值;
Application.UnLock();
```

如果没有显示调用 Unlock 方法解除锁定，当请求完成、请求超时或请求执行过程中出现未处理的错误并导致请求失败时，.NET Framework 将自动解除锁定，这种自动取消锁定会防止应用程序出现死锁。

3. Application 事件

在 ASP.NET 应用程序中可以包含一个特殊的可选文件——Global.asax 文件，也称为 ASP.NET 应用程序文件，它包含用于响应 ASP.NET 或 HTTP 模块引发的应用程序级别事件的代码。Global.asax 文件驻留在基于 ASP.NET 的应用程序的根目录中，如果该文件存在，IIS 会自动查找到，并执行其中相应的事件处理程序。Application 对象常用事件及说明如表 2.1 所示。

表 2.1 Application 事件及说明

事件名称	说　　明
Application_Start	在应用程序启动时激发
Application_BeginRequest	在每个请求开始时激发
Application_AutherticateRequest	尝试对使用者进行身份验证时激发
Application_Error	在发生错误时激发
Application_End	在应用程序结束时激发

2.4.2 统计网站在线人数和访问该网站的总人数程序的实现

1. 任务情景描述

本任务主要实现的功能是统计某一网站当前在线人数和历史访问过该网站的总人数。当用户访问该网站时，在页面上显示已有多少用户访问了该网站，当前在线的有多少用户。

2. 任务实施

(1) 新建一个页面，实现页面 Page_Load 事件。

```
protected void Page_Load(object sender, EventArgs e)
{
    Response.Write("已有" + Application["AllUser"] + "位用户访问了本网站！");
    Response.Write("<br>");
    Response.Write("现有" + Application["OnLineUser"] + "位用户在线！");
}
```

(2) Global.asax 文件实现功能代码。

```
<%@ Application Language="C#" %>
<script runat="server">
    void Application_Start(object sender, EventArgs e)
    { // 在应用程序启动时运行的代码
        Application.Lock();
        Application["AllUser"] = 0;
        Application["OnLineUser"] = 0;
        Application.UnLock();
    }
    void Application_End(object sender, EventArgs e)
    {
        // 在应用程序关闭时运行的代码
    }
    void Application_Error(object sender, EventArgs e)
    {
        // 在出现未处理的错误时运行的代码
    }
    void Session_Start(object sender, EventArgs e)
    { // 在新会话启动时运行的代码
        Application.Lock();
        Application["AllUser"] = (int )Application["AllUser"] + 1;
        Application["OnLineUser"] =(int ) Application["OnLineUser"] + 1;
        Application.UnLock();
    }
    void Session_End(object sender, EventArgs e)
    {   // 在会话结束时运行的代码
        // 注意: 只有在 Web.config 文件中的 sessionstate 模式设置为
        //InProc 时，才会引发 Session_End 事件。如果会话模式设置为 StateServer
        // 或 SQLServer，则不会引发该事件
        Application.Lock();
        Application["OnLineUser"] =(int ) Application["OnLineUser"] −1;
```

```
                    Application.UnLock();
                }
        </script>
```

(3) 在浏览器中预览页面效果。页面上显示当前网站的在线人数和访问该网站的总人数，程序运行效果如图 2.7 所示。

图 2.7　页面运行效果图

程序说明：

当应用程序启动时会激发 Application_Start 事件，在 Application 对象中存储了应用程序的用户数初始值和在线用户数初始值。当一个新用户访问站点时，将启动一个会话，激发 Session_Start 事件，修改用户数和在线用户数，使它们各自加 1。当一个用户与站点断开，或者会话超时后，会激发 Session_End 事件，修改在线用户数使其减 1。最后输出各个 Application 对象的值。

目前该程序还不完善，存在一定的问题。第一，总人数的统计。当所有用户与站点断开后，总人数又从 0 开始，这个问题需要后面通过数据库来解决。第二，在线人数的统计是不准确的。不是以用户关闭浏览器来决定与站点断开，因为每个 Session 对象是有生命周期的，默认是 20 分钟。

任务 2.5　Session 对象在任务 2.4 中的运用

【任务目标】

(1) 掌握 Session 对象的基本工作原理。

(2) 理解 Session 对象生命期的概念。

2.5.1　Session 对象

Session，即会话，是指一个用户在一段时间内对某一个站点的一次访问。Session 对象在.NET 中对应 HttpSessionState 类，表示"会话状态"，可以保存当前用户会话相应的信息。与 Application 对象类似，可以将任何对象作为全局变量存储在 Session 对象中，从而实现共享数据。不同之处在于：Application 对象负责维护整个 Web 应用程序运行过程中所有用户的信息，而 Session 对象只维护一个用户、一次会话的信息。换句话说，对于一个 Web 应用程序而言，所有用户访问到的 Application 对象的内容是完全一样的，而不同用户会话访问到的 Session 对象的内容则各不相同。

由于 Session 的这种特性，可以使用 Session 对象存储特定的用户会话所需的信息。当用户在应用程序的页面之间跳转时，存储在 Session 对象中的变量不会被清除，只要没有结束会话状态，这些会话变量就可以被程序跟踪和访问。

Session 可以用来存储访问者的一些个人信息，如用户名字、个人偏好等。

Session 对象的生命周期是有限的，默认值为 20 分钟，可以通过 TimeOut 属性设置会话状态的过期时间。如果用户在该时间内不刷新页面或请求站点内的其他文件，则该 Session 就会自动过期，而 Session 对象存储的数据信息也将丢失。

1. 使用 Session 对象保存信息

(1) Session 对象保存信息。

```
Session("键值名") = 值;
Session.Add("键值名", 值);
```

(2) Session 获取信息。

```
变量 = Session("键值名");
变量 = Session.Item("键值名");
```

(3) 删除 Session 对象值。

```
Session.Remove("键值名");
```

(4) 设置会话状态的超时期限，以分钟为单位。

```
Session.TimeOut = 数值;
```

2. Session 事件

Global.asax 文件中有两个事件应用于 Session 对象，它们的名称及说明如表 2.2 所示。

表 2.2　Session 事件的名称及说明表

事件名称	说　　明
Session_Start	在会话启动时激发
Session_End	在会话结束时激发

2.5.2　修改 Session 对象的默认生命周期

1. 任务情景描述

在任务 2.4 中，存在一个问题就是在线人数的统计是不准确的，不是以用户关闭浏览器来决定与站点断开，因为每个 Session 对象是有生命周期的，默认是 20 分钟。也就是说用户关闭浏览器并不代表与站点断开，而是要过 20 分钟后才是断开。为了在比较短的时间内能够让程序反映出在线人数的变化，我们可以通过修改 Session 对象的生命周期来实现。

2. 任务实施

例如在 1 分钟内就可以体现出网站的在线人数的变化，只需要在任务 2.4 的实现步骤中，修改 Session_Start 事件过程的代码即可。修改后的代码如下：

```
void Session_Start(object sender, EventArgs e)
```

```
{ // 在新会话启动时运行的代码
    Application.Lock();
    Session.TimeOut = 1;
    Application["AllUser"] = (int )Application["AllUser"] + 1;
    Application["OnLineUser"] = (int ) Application["OnLineUser"] + 1;
    Application.UnLock();
}
```

　　通过上述修改，用户在 1 分钟后就和网站断开连接，在线人数的统计会在比较短的时间内出现变化。

第 3 章　ASP.NET Web 窗体和服务器控件

任务 3.1　Web 窗体和服务器控件概述

【任务目标】

(1) 了解 Web 窗体。主
(2) 了解 Web 服务器控件的共有属性。

3.1.1　Web 窗体

Web 窗体是 ASP.NET 页面的一种类型，含有交互式的窗体，是服务器端与客户端浏览器之间数据传递的一种结构模式。

3.1.2　Web 服务器控件共有属性

ASP.NET 服务器控件具有更好的面向对象的特性，能自动检测客户端浏览器的类型和功能，生成相应的 HTML 代码，从而最大限度地发挥浏览器的功能。它还具有数据绑定的功能，所有属性都可以进行数据绑定，某些控件可以向数据源提交数据。除了 Literal、PlaceHolder 和 XML 控件外，其他所有控件的共有属性及功能说明如表 3.1 所示。

表 3.1　Web 服务器控件的共有属性及功能说明

属性名	功　能　说　明
Id	设置控件名，在程序中可以调用
Runat	指定控件是服务器控件，取值是 server
AccessKey	指定一个字母或数字键，与 Alt 键组合，构成快捷键
Attributes	没有被定义为公共属性，会在 HTML 代码中生成的那些属性的集合，这个属性只在程序中使用
BackColor	设置控件的背景色
BorderColor	设置控件的边框颜色
BorderWidth	设置控件的边框宽度
BorderStyle	设置控件的边框样式
CssClass	设置应用到控件的样式表
Style	设置应用到控件外层标记上的 CSS 样式属性集合

属 性 名	功 能 说 明
Enable	设置控件是否有效，取值为 True 或 False
Font	设置控件的字体
ForeColor	设置控件上文本的颜色
Height	设置控件的高度
TabIndex	设置当用户按 Tab 键时经过控件的顺序
ToolTip	设置当鼠标停留在控件上时显示的提示文本
Width	设置控件的高度

除了以上共有属性之外，每个 Web 服务器控件还有特殊的属性、事件和方法，后面将一一介绍。

任务 3.2　文本服务器控件

【任务目标】

(1) 了解 Label 控件的基本属性和用法。
(2) 了解 Literal 控件的基本属性和用法。
(3) 了解 TextBox 控件的基本属性和用法。
(4) 了解 HyperLink 控件的基本属性和用法。

任务 3.2　登录 UI 设计(界面)

上一节介绍了 Web 控件的共有属性，从本节开始将重点介绍如何使用 Web 服务器控件及每个控件特殊的属性、方法和事件。本节主要介绍文本服务器控件，包括 Label(标签)控件、Literal(静态文本)控件、Textbox(文本框)控件及 HyperLink(超链接文本)控件。

3.2.1　Label 控件

Label 控件一般用来给文本框、列表框、组合框等空间添加描述性的文字，或给窗体添加说明文字，或用来显示处理结果等信息。Label 控件显示的内容可以在属性窗口中设定，也可以在程序运行时编写代码进行修改。

提示：当用户希望在运行时更改页面中的文本时可以使用 Label 控件，而当只需要显示内容并且文字内容不需要改变时，建议使用 HTML 显示。

Label 控件的语法格式如下：

```
<asp: Label id = "Label1" Text + "要显示的文本内容" runat = "server"/>
```

或者

```
<asp: Label id = "Label1" runat = "server">要显示的文本内容</asp: Label>
```

3.2.2　Literal 控件

当要以编程的方式设置文本而不添加额外的 HTML 标记时，可以向页面添加 Literal

控件。当要向页面动态添加文本而不添加任何不属于该动态文本的元素时，Literal 控件非常有用。例如，用户可以使用 Literal 控件来显示从文本或流中读取的 HTML。

Literal 控件在 Visual Studio 2010 工具箱的"标准"选项卡中，形如 。Literal 控件的语法格式如下：

> <asp : Literal id = "Literal1" Text = "要显示的文本内容" ruant = "server/>

或者：

> <asp : Literal id = "Literal1" ruant = "server"> 要显示的文本内容</asp: Literal>

除了表 3.1 介绍的共有属性外，Literal 控件还有两个特殊属性。

Text：设置 Literal 控件中显示的文本。

Mode：设置 Literal 控件文本的显示方式。共有 3 个选项：Transform(不修改 Literal 空的文本)、PassThrough(移除文本中不受支持的标记语言元素)和 Encode(对 Literal 控件的文本进行 HTML 编码)。如果一个 Literal 控件的 Text 属性值为 "<>font color =red>The Mode is …</font>"，则其 Mode 属性值为 Transform、PassThrough 和 Encode 的效果分别如图 3.1 所示。

```
我的Mode设置是Transform
我的Mode设置是PassThrough
<font color="red">我的Mode设置是Encode</font>
```

图 3.1　Literal 控件 Mode 属性的效果

提示：如果只是显示静态文本，则可以使用 HTML 实现，而不需要 Literal 控件。只有在需要以编程方式显示文本时才使用 Literal 控件。

3.2.3　TextBox 控件

TextBox 控件常用于用户在 Web 页面中输入文本信息。在某些情况下，也可以用来显示文本信息。TextBox 的语法格式如下：

> <asp :TextBox id = "value"　AutoPostBack = "True | False"　Columns = "characters"
>   MaxLength = " characters"　Rows="rows"　Text = "text"
>   TextMode = "SingleLine | MultiLine | Password"　Wrap = "True | false"
>   OnTxxtChangede = "OnTextChangedMethod"　Runat = "server"/>

TextBox 控件在 Visual Studio 2010 的工具箱的"标准"选项卡中，形如 <kbd>abl TextBox</kbd>。除了表 3.1 介绍的共有属性外，TextBox 控件的常用属性及事件说明如表 3.2 所示。

表 3.2　TextBox 控件的属性及事件功能说明

属性/事件名	属性/事件	取　　值	功　能　说　明
AutoPostBack	属性	True/False	设置是否允许自动回传事件到服务器
Columns	属性	数字	设置可显示的最大列数
MaxLength	属性	数字	设置最多可输入字符数
Rows	属性	数字	设置可显示的最大行数

续表

属性/事件名	属性/事件	取　值	功　能　说　明
TextMode	属性	Single/MultiLine/Password	单行/多行/密码显示
Text	属性	字符串	确定文本框的值
Wrap	属性	True/False	确定是否允许自动换行
OnTextChanged	事件	—	当内部文本发生变化时可触发的事件

提示：一定要将文本框的 AutoPostBack 属性设置为 True，当文本修改后，将自动回发到服务器，才能激发 TextChanged 事件。

3.2.4　HyperLink 控件

ASP.NET 中的 HyperLink 控件用于创建超链接，相当于 HTML 元素的<A>标注。HyperLink 的语法形式如下：

> <asp: HyperLink id = "HyperLink1"　Text = "超链接文字"　　NavigateUrl = "url"
>
> ImageUrl = "url"　　Target = "target"　Runat = "server" </asp:HyperLink >

HyperLink 控件在 Visual Studio 2010 工具箱的"标准"选项卡中，形如 **A HyperLink**。除了表 3.1 介绍的共有属性外，其常用属性及说明如表 3.3 所示。

表 3.3　HyperLink 控件属性及功能说明

属　　性	取　值	功　能　说　明
Text	字符串	设置超链接文本
ImageURL	URL 字符串	当用一个图像链接时，设置图像所在位置
NavigateURL	URL 字符串	设置要链接的网址
Target	字符串	设置链接内容显示方式

其中 Target 取值如下：

_blank：在新窗口中显示目标链接的页面。

_parent：将目标链接的页面显示在上一个框架集父级中。

_self：将目标链接的页面显示在当前框架中。

_top：将内容显示在没有框架的全窗口中。也可以是自定义的 HTML 框架的名称。

任务 3.3　按钮服务器控件

【任务目标】

(1) 了解 Button 按钮控件的基本属性和用法。

(2) 了解 LinkButton 控件的基本属性和用法。

(3) 了解 ImageButton 控件的基本属性和用法。

用户访问网页时常常需要在特定的时候激发某个动作来完成一系列的操作，使用 ASP.NET 标准服务器控件中的按钮控件可以实现这个功能。ASP.NET Web 服务控件中包含 3 种按钮控件，即 Button(按钮)、LinkButton(连接按钮)和 ImageButton(图像按钮)，本节将对这 3 种按钮的属性和方法进行详细介绍。

3.3.1 Button 控件

Button 控件是一种常用的单击按钮传递信息的方式，能够把页面信息返回到服务器。Button 控件的语法格式如下：

```
<asp: Button id = "MyButton"    Text = "Text"    CommandName = "command"
    CommandArgument = "commandargument"    CausesValidation = "True | False"
    OnClick = "OnClickMethod" Runat = "server"/>
```

Button 控件在 Visual Studio 2010 工具箱的"标准"选项卡中，形如 ab Button 。除了表 3.1 介绍的共有属性外，其常用属性及功能说明如表 3.4 所示。

表 3.4　Button 控件的属性及功能说明

属　性	取　值	功　能　说　明
Text	字符串	表示在按钮上显示文本
CommandName	字符串	用于获取或设置 Button 按钮将要触发事件的名称，当有多个按钮共享一个时间处理函数时，通过 CommandName 来区分要执行哪个 Button 事件
CommandArgument	字符串	用于指示命令传递的参数，提供有关要执行的命令的附加信息以便于在事件中进行判断
CauseValidation	True/False	当用户单击按钮时要执行的事件处理方法

3.3.2 Button 按钮的使用

1. 任务情景描述

在网页上添加一个 Button 按钮，单击按钮之前，网页上显示文字"还没有单击确定按钮"，单击按钮之后显示文字"您单击了确定按钮"，程序运行效果如图 3.2 和图 3.3 所示。

确定	确定
还没有单击确定按钮	您单击了确定按钮
图 3.2　单击按钮前	图 3.3　单击按钮后

2. 任务实施

(1) 启动 Visual Studio 2010，新建一个 ASP.NET 网站。

(2) 在 Default.aspx 页面中添加一个按钮和一个标签控件，将标签控件的 ForeColor 属性设置为"Blue"，Text 属性设置为"还没有单击确定按钮"，将 Button 控件的 Text 属性设置为"确定"。

  (3) 双击"确定"按钮生成 Button1_Click 方法，在 Default.aspx.cs 中添加如下代码：

```
protected void Button1_Click(object sender, EventArgs e)
{
    Label1.Text = "您单击了确定按钮";
}
```

  (4) 按快捷键 Ctrl + F5 运行程序，运行结果如图 3.2 所示。当单击"确定"按钮时，Label 控件的文字就会变成"您单击了确定按钮"，如图 3.3 所示。

3.3.3　LinkButton 控件

  ASP.NET Web 服务器控件中的 LinkButton 控件是一个超链接按钮控件，它是一种特殊的按钮，其功能与普通按钮控件(Button)类似。但是 LinkButton 控件是以超链接形式显示的，其外观和 HyperLink 相似，功能与 Button 相同。

  LinkButton 控件的语法格式为：

    <asp: LinkButton id = "LinkButton1"Text = "Text"CommandName="command"

    CommandArgument = "commandargument"

    CausesValidation = "True | False"

    OnClick = "OnClickMethod"Runat="server"/>

  提示：LinkButton 控件必须放在带有 runat=server 属性的<form></form>之间。

  LinkButton 控件在 Visual Studio.NET 2005 工具箱的"标准"选项卡中，形如 `[ab] LinkButton`。其中，Text 属性用于设置 LinkButton 控件上的文字按钮，OnClick 事件是当用户单击按钮时的事件处理函数。

3.3.4　制作登录页面

1. 任务情景描述

本任务是设计学生管理信息系统的用户登录页面，效果如图 3.4 所示。

图 3.4　登录页面设计图

2. 任务实施

  (1) 启动 Visual Studio 2010，新建一个网站。

  (2) 在项目的默认网页 Default.aspx 中添加一个 3 行 2 列的表格进行布局。

  (3) 在表格前两行的第一列中分别添加 1 个 Label 控件，将其 Text 属性分别设置为"用户名："和"密码："；在表格前两行的第二列分别添加一个 TextBox 控件。

  (4) 制作登录与重置按钮。在第 3 行放置两个 Button 控件。将两个 Button 控件的 Text 属性分别设置为"登录"和"重置"。

(5) 设置每个控件的属性如表 3.5 所示。

表 3.5　控件属性列表

控件	属性设置	位　　置
Label	Text = "用户名："	位于表格的第一行第三列
Label	Text = "密码："	位于表格的第二行第一列
TextBox	Id = "UserName"	位于表格的第一行第二列
TextBox	ID = "Password"	位于表格的第二行第二列
Button	Text = "登录"	位于表格的第三行第一列
Button	Text = "重置"	位于表格的第三行第二列

(6) 按快捷键 Ctrl + F5 运行程序。

3.3.5　ImageButton 控件

ASP.NET Web 服务器控件中的 ImageButton 控件是一个图片形式的按钮，其功能与普通控件(Button)类似，只是 ImageButton 控件是以图片作为按钮，其外观与 Image 相似，功能与 Button 相同。ImageButton 控件的语法格式如下：

<asp:ImageButton id = "ImageButton1" ImageUrl = "string" Command = "Command" CommandArgument = "CommandArgument" CauseValidation = "True|False" OnClick = "OnClickMethod" … Runat = "Server"/>

ImageButton 控件的常用属性和事件如下：

ImageUrl 属性：获取或设置在 ImageButton 控件中显示的图片的位置。

OnClick 事件：用户单击按钮后的事件处理函数。

任务 3.4　图像服务器控件

【任务目标】

(1) 了解 Image 控件的基本属性和用法。

(2) 了解 ImageMap 控件的基本属性和用法。

3.4.1　Image 控件

Image 控件是用于显示图像的，相当于 HTML 标记语言中的<img>标记。Image 控件在 Visual Studio.NET 2010 的工具箱的"标准"选项卡中，形如 。Image 控件的语法格式如下：

<asp:Image id ="image1"　imageUrl = "URL"

　　　…

　　　Runat ="server"/>

Image 控件的特殊属性有：

ImageUrl：获取或设置在 Image 控件中显示的图片位置。

AlternateText：获取或设置当图像不可用时，在 Image 中显示的替换文本。

ImageAlign：获取或设置 Image 控件相对于网页中其他元素的对齐方式。其可能的值有 NotSet、AbsBottom、AbsMiddle、BaseLine、Bottom、Left、Middle、Right、TextTop 和 Top。

3.4.2　图片浏览页面

1. 任务情景描述

很多网站都具备图片浏览功能，有的网站通过幻灯片的方式来浏览图片，有的通过 Flash 动画来浏览图片。本任务通过动态添加超级链接控件，并链接到需要浏览的图片来实现图片的浏览功能。

2. 任务实施

(1) 启动 Visual Studio 2010，新建一个 ASP.NET 网站。

(2) 在 "解决方案资源管理器" 窗口中新建一个名为 "images" 的文件夹。用鼠标右键单击此文件夹，在弹出的快捷菜单中选择 "添加现有项" 命令，添加用于浏览的图片文件，图片的文件名称依次命名为图片 1、图片 2、……，如图 3.5 所示。

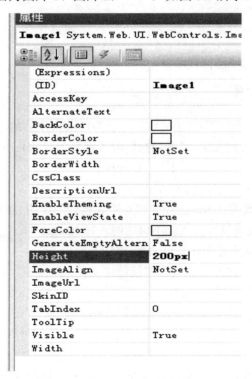

图 3.5　Image 图像属性设置

(3) 在 Default.aspx 页面中添加一个 Image 控件，并在 "属性" 窗口中设置 Height 属性值为 "200px"。

(4) 在 Default.aspx.cs 的 Page_Load 方法中输入如下代码。

```
    {
        for (int i = 1; i <= 9; i++)
        {
            HyperLink newHL = new HyperLink();              //新生成一个超链接
            newHL.Text = i.ToString();                      //设置超链接的文本
            newHL.Font.Size = 12;
            newHL.NavigateUrl = "?n=" + i.ToString();       //设置超链接的 NavigateUrl 属性
            this.Controls.Add(newHL);                       //将新生成的超链接控件添加到页面中
            if (Request.QueryString["n"] == null)
            {
                Image1.ImageUrl = "images/图片 1.jpg";        // Image 控件的初始的图片
            }
            else
            {
                //动态改变 Image 控件中显示的图片
                Image1.ImageUrl = "images/图片" + Request.QueryString["n"] + ".jpg";
            }
        }
    }
```

(5) 按快捷键 Ctrl + F5 运行程序。

3.4.3　ImageMap 控件

　　ImageMap 控件是一个可以在图片上定义热点(HotSpot)区域的服务器控件，用户可以通过单击这些热点区域进行回发(PostBack)操作或者定向(Navigate)到某个 URL 位址。该控件一般用在需要对某张图片的局部范围进行互动操作时。

　　ImageMap 控件的特殊属性有：

　　ImageUrl：获取或设置在 ImageMap 控件中显示的图像的 URL。

　　AlternateText：获取或设置当图像不可用时，在 ImageMap 控件中显示的替换文字。

　　ImageAlign：获取或设置图像在父容器中的位置。

　　HotSports：用于设置图像上热区位置及链接文件。

　　在 ImageMap 中设置热区的步骤如下：

　　(1) 在"属性"窗口中单击 HotSpots 属性右侧的按钮，弹出"HotSpots 集合编辑器"对话框。

　　(2) 在该对话框中单击"添加"按钮可向"成员"列表中添加热区。单击"添加"按钮右侧的三角按钮，会弹出热区形状选择下拉列表，包括 CircleHotSpot(圆形热区)、RectangleHotSpot(矩形热区)，默认为圆形热区。

　　(3) 在"属性"列表中设置热区外观的形状及链接的文件路径，热区的形状不同，外观的属性设置也略有不同。

　　(4) 单击"确定"按钮即可完成热区设置。

HotSpotMode 用于设置图像上热区的类型，它的枚举类型值是 System.Web.UI. WebControls. HotSpotMode。HotSpotMode 的取值及说明如表 3.6 所示。

表 3.6　HotSpotMode 的取值及功能说明

取值	说　　明
NotSet	默认值，执行定向操作，定向到用户指定的 URL 地址。如果用户未指定 URL 地址，那么将定向到其 Web 应用程序根目录
PostBack	单击热区，将执行后面的 Click 事件
Inactive	无任何操作，即此时形同一张没有热点区域的普通图片

地图导航对于一个网站来说是很有用的。例如，现在很多网站都提供电子地图，用户可以在地图上单击自己想要查看的城市或地区，从而可以看到关于这个城市或地区的相关信息。

3.4.4　制作站点地图页面

1. 任务情景描述

本节任务是利用图像服务器控件来实现一个简易的网站地图导航。要设计一个网站地图导航，首先就要设计一个网站的地图，这个地图可以是任何格式的图像文件，因此，可以使用 ImageMap 控件实现在地图上单击某一区域浏览相应的网页。

2. 任务实施

(1) 启动 Visual Studio 2010，新建一个 ASP.NET 网站。

(2) 在 Default.aspx 页面中输入"站点地图"，并添加一个 ImageMap 控件到该页面中，在属性窗口设置 Width 属性值为"400"，ImageUrl 为"map.bmp"。

(3) 在属性窗口中，单击 HotSpots 属性右侧的 ... 按钮，打开"HotSpot 集合编辑器"对话框，单击"添加"按钮添加热区，并在"属性"类别中设置热区的外观、AlternateText 和 NavigateUrl 属性，然后单击"确定"按钮。

与图片建立的热区对应的 HTML 代码如下：

```
<form id = "form1" runat = "server">
    <div>
        <asp:ImageMap ID = "sitemap" runat = "server" ImageUrl = "map.bmp" Width = "200px">
        <asp:RectangleHotSpot AlternateText = "点击进入用户信息" Bottom =
            "79" HotSpotMode = "Navigate"
    Left = "61" NavigateUrl = "userinfo.aspx" Right = "118" Top = "69" />
        <asp:RectangleHotSpot AlternateText = "点击进入客户信息" Bottom = "118"
            HotSpotMode = "Navigate"
    Left = "70" NavigateUrl = "customer.aspx" Right = "118" Top="98" />
        </asp:ImageMap></div>
    </form>
```

(4) 按快捷键 Ctrl＋F5 运行程序。把鼠标指针移动到图片上，当指针变为"手"的形状时单击，旁边会有一个小的提示信息，然后单击相应的区域就会进入相应的页面，可以看到浏览器的状态栏上，显示了单击该区域会进入的页面，运行结果如图 3.6 所示。

图 3.6　站点地图页面效果

任务 3.5　选择服务器控件

【任务目标】

(1) 了解 CheckBox 控件、CheckBoxList 控件的基本属性和用法。

(2) 了解 RadioButton 控件、RadioButtonList 控件的基本属性和用法。

在 Web 页面中，经常需要从多个信息中选择其中一个或几个需要的数据，如选择性别等。ASP.NET 提供了 CheckBox(复选框)、CheckBoxList(复选列表框)、RadioButton(单选按钮)、RadioButtonList(单选列表框) 4 种用于选择的控件。本节将对这 4 种控件进行详细的介绍。

任务 3.5　注册界面设计

3.5.1　CheckBox 控件

CheckBox 控件用于在 Web 窗体中创建复选框，该复选框允许用户在 True 和 False 之间切换，提供用户从选项中进行多项选择的功能。

CheckBox 控件的语法格式如下：

        <asp: CheckBox id = "CheckBox1"   AutopostBack = "True | False"   Text = "Label"

        TextAlign = "Right | Left"   Checked = "True | False"

        OnCheckedChanged = " OnCheckedChangedMethod"   Runat = "server"/>

CheckBox 控件的常用属性及功能说明如表 3.7 所示。

表 3.7　CheckBox 控件的常用属性及功能说明

属性	取　值	功　能　说　明
AutoPostBack	True/False	当该值为 True 且用户选择改变时触发服务器的 OnCheckedChanged 事件
Text	字符串	设置选项的文本
TextAlign	Right/Left	设置显示文本的对齐方式
Checked	True/False	确定复选框是否选中
OnCheckedChanged	处理事件的方法名	当复选框发生变化时可触发的事件处理方法

3.5.2　CheckBoxList 控件

CheckBoxList 是一个 CheckBox 控件组，是一个 CheckBox 的集合，当需要显示 CheckBox 控件并对所有控件都采用相似的处理方式时，使用该控件比较方便。CheckBoxList 控件的常用语法格式如下：

        <asp:CheckBoxList id = "CheckBoxList"

        AutoPostBack = "True | False"CellPadding = "Pixels"

        DataSource = '<% databindingexpression %>'DataTextField = "DataSourceField"

        DataValueField = "DataSourceField"RepeatColumns = "ColumnsCount"

        Runat = "server">

        <asp:ListItem value = "Value" Selected = "True | False"></asp:ListItem>

        </asp:CheckBoxList>

CheckBoxlist 控件的常用属性和事件如表 3.8 所示。

表 3.8　CheckBoxList 控件的常用属性和事件功能说明

属性/事件名	属性/事件	取　值	功　能　说　明
AutoPostBack	属性	True/False	当该值为 True 是且用户选择改变时触发服务器的 OnCheckedChanged 事件
CellPadding	属性	整数	设置各选项之间的距离
DataSource	属性	数据源对象	设置选项数据源的对象
DataTextField	属性	数据字段对象	设置与数据源相关的数据字段
DataValueField	属性	数据字段值对象	设置与数据源相关的数据字段的值
RepeatColumns	属性	整数	确定选项分行显示的字段数

续表

属性/事件名	属性/事件	取　值	功　能　说　明
RepeatDirection	属性	Vertical/Horizontal	确定选项的排列方式是垂直还是水平
RepeatLayout	属性	Flow/Table	确定选型的排列方式是平铺还是表格
TextAlign	属性	Right/Left	设置文字的对齐方式
Checked	属性	True/False	确定复选框是否选中
Items	属性	集合	在编码时使用，表示各选项的集合
SelectedIndexes	属性	集合	在编码时使用，表示所有已选项的集合
SelectedIndex	属性	整数	在编码时使用，用于表示已选项的索引
SelectedItem	属性	对象	在编码时使用，用于表示一个被选定的项目
SelectedItems	属性	集合	在编码时使用，用于表示所有被选项的集合
OnSelectedIndexChanged	事件	处理事件的方法名	当复选框发生变化时可以触发事件的处理方法

3.5.3　RadioButton 控件

RadioButton 控件是一个用于选择的单选按钮控件，在一系列的单选按钮中有且只有一个单选按钮处于选中状态。

RadioButton 控件的常用属性和事件如表 3.9 所示。

表 3.9　RadioButton 控件的常用属性和事件功能说明

属性/事件名	属性/事件	取　值	功　能　说　明
AutoPostBack	属性	True/False	当该值为 True 时，如果控件的选择发生变化，就自动触发服务器的 OnCheckedChanged 事件
Text	属性	字符串	设置选项的显示文字
TextAlign	属性	Right/Left	设置选项文字的对齐方式
Checked	属性	True/False	确定控件是否被选中
GroupName	属性	字符串	设置控件所属的组的名称，属于同一组的单选按钮控件在同一时刻只能有一个被选中
OnCheckedChanged	事件	处理事件方法名	设置当选项发生变化时可触发事件的处理方法

3.5.4　RadioButtonList 控件

RadioButtonList 控件是一个 RadioButton 控件组，由于该控件是使用一个控件来表示多个控件的组合，所以当有多个选项需要用户进行单选时，使用该控件十分方便，常用格式如下：

```
<asp:RadioButtonList id = "CheckBoxList"
    AutoPostBack = "True|False"CellPadding = "Pixels"
    DataSource = '<% databindingexpression %>'DataTextField = "DataSourceField"
    DataValueField = "DataSourceField"RepeatColumns = "ColumnsCount"
    Runat = "server">
<asp:ListItem value = "value" Selected = "True|False"></asp:ListItem>
</asp: RadioButtonList >
```

任务 3.6　列表服务器控件

【任务目标】

(1) 了解 ListBox 控件的基本属性和用法。
(2) 了解 DropDownList 控件的基本属性和用法。
(3) 了解 BulletedList 控件的基本属性和用法。

3.6.1　ListBox 控件

ListBox 控件是一个静态列表框，用户可以在该控件中添加一组内容列表，以供访问网页的用户选择其中的一项或多项。ListBox 控件中的可选项目是通过 ListItem 元素定义的，该控件支持数据绑定。该控件添加到页面中后，设置列表项的方法与 CheckBoxList 控件相同。ListBox 控件的语法格式如下：

```
<asp: DropDownList id = "ListBox1" SelectionMode = "Single|Multiple"
OnSelectedIndexChanged = "OnSelectedIndexChangedMethod"    Runat = "server">
<asp:ListItem Text = "label" Value = "第一个列表项的内容" Selected = "True|False"/>
<asp:ListItem Text = "label" Value = "第二个列表项的内容" Selected = "True|False"/>
</asp: DropDownList>
```

ListBox 控件的常用属性和事件如表 3.10 所示。

表 3.10　ListBox 控件常用属性和事件功能说明

属性/事件名	属性/事件名	取　值	功　能　说　明
AutoPostBack	属性	True/False	当该值为 True 是且用户选择改变时触发服务器的 OnCheckedChanged 事件
DataSource	属性	数据源对象	设置数据源对象

续表

属性/事件名	属性/事件名	取 值	功 能 说 明
DataTextField	属性	数据字段对象	设置与数据源相关的数据字段
DataValueField	属性	数据字段值对象	设置与数据源相关的数据字段的值
Rows	属性	整数	设置显示项目的窗口行数
Items	属性	集合	在编码时使用，用于表示各个选项的集合
SelectedIndex	属性	整数	在编码时使用，用于表示已选项的索引
SelectedItem	属性	对象	在编码时使用，用于表示一个被选定的项目
SelectedValue	属性	对象	获取 ListBox 控件中选定的项的值
SelectionMode	属性	Single/Multiple	获取或设置 ListBox 控件的选定模式
OnSelectedIndexChanged	事件	处理事件的方法名	当复选框发生变化时可触发事件的处理方法

ListBoxItem 控件的常用属性及说明如表 3.11 所示。

表 3.11　ListItem 控件的常用属性和事件

属 性	取 值	功能说明
Text	字符串	设置选项的显示文字
Value	字符串	设置选项的值
Selected	True/False	确定选项是否选中

3.6.2　两个列表框级联

1. 任务情景描述

本任务主要实现两个列表框级联，通过选择国家找到对应的地区信息，运行效果如图 3.7 所示。

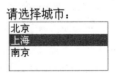

图 3.7　列表级联效果图

2. 任务实施

(1) 添加页面，在页面中输入文字"请选择国家"。

(2) 添加 ListBox1，将其 AutoPostBack 设置为"True"。

(3) ListItem 属性编辑器中分别添加国家名称，如图 3.8 所示。

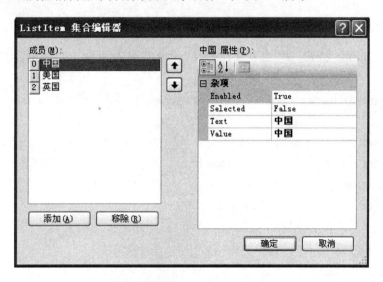

图 3.8   ListItem 集合编辑器设置

(4) 在页面右侧输入文字"请选择城市"，添加 ListBox2 控件，设置其 SelectionMode 为多行方式。

(5) 添加 Button 按钮和 Label 控件。

(6) 双击 ListBox1 控件，添加事件，根据不同的国家级联不同的城市，实现列表框级联。

```
protected void ListBox1_SelectedIndexChanged(object sender, EventArgs e)
{
    ListBox2.Items.Clear();                  //清空 ListBox2 的所有项
    switch (ListBox1.SelectedIndex);         //判断右边列表框的当前选中项
    {
    case 0: ListBox2.Items.Add("北京");
            ListBox2.Items.Add("上海");
            ListBox2.Items.Add("南京");
            break;
    case 1: ListBox2.Items.Add("华盛顿");
            ListBox2.Items.Add("纽约");
            ListBox2.Items.Add("旧金山");
            break;
    case 2: ListBox2.Items.Add("伦敦");
            ListBox2.Items.Add("曼彻斯特");
```

```
        ListBox2.Items.Add("爱丁堡");
        break;
default: ListBox2.Items.Add("选择错误");
        break;
    }
}
```

(7) 双击 Button 按钮，添加事件，实现 Label 控件在页面上显示对应的国家和城市名称。

```
protected void Button1_Click(object sender, EventArgs e)
{
    Label1.Text = "您选择的是：<b>";
    Label1.Text += ListBox1.SelectedItem.Text ;
    string temp = "->";
    for (int i = 0; i < ListBox2.Items.Count ; i++)
    {
        if (ListBox2.Items[i].Selected)
        {
            Label1.Text += temp+ListBox2.Items[i].Text;
            temp = ", ";
        }
    }
}
```

(8) 运行页面，查看效果。

3.6.3 DropDownList 控件

DropDownList 服务器控件是一个下拉列表框控件，该控件与 ListBox 控件类似，也可以选择一项或多项内容，只是它们的外观不同。DropDownList 控件有一个下拉列表框，而 ListBox 控件是在静态列表中显示内容。

DropDownList 控件可以直接设置选项，也可以通过绑定数据来设置选项，其设置选项和绑定数据的方法与 ListBox 控件类似。

DropDownList 控件的语法格式如下：

```
<asp: DropDownList id = "DropDownList1" ruant = "server"
DataSoure = "<% databindingexpression %>" DataTextField = "DataSourceField"
DataValueField = " DataSourceField"      AutoPostBack = "True|False"
OnSelectedIndexChanged = "OnSelectedIndexChangedMethod"
<asp:ListItem Value = "第一个列表项的内容" selected = "True|False"/>Text</asp :ListItem>
<asp:ListItem Value = "第二个列表项的内容" selected = "True|False"/> Text</asp :ListItem>
</asp: DropDownList>
```

DropDownList 控件的常用属性和事件功能说明如表 3.12 所示。

表 3.12　DropDownList 控件的常用属性和事件说明

属性/事件名	属性/事件	取　　　值	功 能 说 明
AutoPostBack	属性	True/False	当该值为 True 时，如果控件的选择发生变化，就自动触发服务器的 OnCheckdChanged 事件
DataSource	属性	数据源对象	设置数据源对象
DataTextField	属性	Right/Left	设置选项文字的对齐方式
DataValueField	属性	数据字段值对象	设置与数据源相关的数据字段的值
Items	属性	集合	在编码时使用，用于表示各个选项的集合
SelectedIndex	属性	整数	在编码时使用，用于表示已选项的索引
SelectedItem	属性	对象	在编码时使用，用于表示一个被选定的项目
OnSelectedIndexChanged	事件	处理事件的方法名	当复选框发生变化时可触发事件的处理方法

3.6.4　BulletedList 控件

BulletedList 服务器控件是一个项目列表控件，用于创建以项目符号格式化的列表项，还可以显示为超链接列表。BulletedList 控件可以直接添加列表项，也可以通过绑定数据源设置列表项。

BulletedList 控件的语法格式如下：

```
<asp: BulletedList id = "BulletedList1" ruant = "server"
DataSoure = "<% databindingexpression %>"
DataTextField = "DataSourceField"
DataValueField = " DataSourceField"
DisplayMode = "Text|HyperLink|LinkButton"
OnSelectedIndexChanged = "OnSelectedIndexChangedMethod"
<asp:ListItem Value = "第一个列表项的内容" Selected = "True|False"/>Text</asp :ListItem>
<asp:ListItem Value = "第二个列表项的内容" Selected = "True|False"/> Text</asp :ListItem>
</asp: BulletedList>
```

BulletedList 控件的常用属性有：

BulletStyle：用于设置列表前面显示的符号。

DataSource：设定数据绑定所使用的数据源。

DataTextField：设定资源绑定所要显示的字段。

DataValueField：设定选项的相关数据中要使用的字段。

SelectionMode：用于设置列表项的显示方式。该属性有 3 个取值，即 Text(显示为文本)、HyperLink(显示为超链接)和 LinkButton(显示为链接按钮)。

Items：返回 BulletedList 控件中的 ListItem 的参数。在"属性"窗口中单击该属性右侧的按钮，可以打开"ListItem 集合编辑器"对话框来设置列表项。

任务 3.7　容器服务器控件

【任务目标】

(1) 了解 Panel 控件的基本属性和使用。

(2) 了解 MultiView 控件的基本属性和使用。

(3) 了解 PlaceHolder 控件的基本属性和使用。

3.7.1　Panel 控件

Panel 服务器控件在页面内为其他控件提供一个容器，通过将多个控件放入 Panel 控件，可以将它们作为一个单元进行控制，开发人员还可以使用 Panel 控件作为一组控件创建独特的外观。Panel 控件的基本属性及功能说明如表 3.13 所示。

表 3.13　Panel 控件的基本属性及功能说明

属　　性	取　　值	功　能　说　明
BackImageUrl	背景图片的链接地址	设置 Panel 的背景图片
HorizzontalAlign	Center/Left/Right	设置 Panel 中控件的水平对齐方式
Wrap	True/False	确定是否设置自动换行

使用 Panel 控件有以下 3 个方面的作用：

(1) 分组行为：通过将一组控件放入一个面板，然后操作该面板，可以将这些组件作为一个单元进行管理，例如可以设置面板的 Visible 属性来隐藏或显示该面板中的一组控件。

(2) 动态控件生成：Panel 控件为在运行时创建的控件提供了一个方便的容器。

(3) 外观：Panel 控件支持 BackColor 和 BorderWidth 等外观属性，可以设置这些属性来为局部区域创建独特的外观。

3.7.2　Panel 控件的应用

1. 任务情景描述

本任务主要实现 Panel 控件的使用。单击"基本信息"按钮可以显示基本信息 Panel

控件，单击"联系方式"按钮可以显示联系方式的 Panel 控件，运行效果如图 3.9 和图 3.10
所示。

| 地址 (D) | http://localhost:2436/WebSite2/panel.aspx | 地址 (D) | http://localhost:2436/WebSite2/panel.aspx |

请输入基本信息：
姓名：3
年龄：3
基本信息 联系方式

请输入联系方式：
电话：
邮件：
基本信息 联系方式

图 3.9 页面运行效果一   图 3.10 页面运行效果二

2. 任务实施

(1) 创建网站，添加页面 panel.aspx。

(2) 在页面中添加 Panel1 和 Panel2 控件，设置 Panel1 控件的 Visible 属性为"True"，
Panel2 属性的 Visible 属性为"False"。

(3) 在 Panel1 中输入姓名、年龄等基本信息，HTML 代码如下。

```
<asp:Panel ID = "Panel1" runat = "server" Height = "54px" Width = "327px">
请输入基本信息：<br />
姓名：<asp:TextBox ID = "txtName" runat = "server"></asp:TextBox><br />
年龄：<asp:TextBox ID = "txtAge" runat = "server"></asp:TextBox></asp:Panel>
```

(4) 在 Panel2 中添加联系方式，HTML 代码如下：

```
<asp:Panel ID = "Panel2" runat = "server" Height = "62px" Visible = "False" Width = "324px">
请输入联系方式：<br />
电话：<asp:TextBox ID = "txtPhone" runat = "server"></asp:TextBox><br />
邮件：<asp:TextBox ID = "txtEmail" runat = "server">
</asp:TextBox></asp:Panel>
```

(5) 添加两个 Button 按钮，分别设置 Text 属性为"基本信息"和"联系方式"。

```
<asp:Button ID = "Button1" runat = "server" Text = "基本信息" />
<asp:Button ID = "Button2" runat = "server" Text = "联系方式" />
```

(6) 在"基本信息"按钮中输入代码，显示 Panel1 控件，隐藏 Panel2 控件。

```
protected void Button1_Click(object sender, EventArgs e)
{
    Panel1.Visible = True;
    Panel2.Visible = False;
}
```

(7) 在"联系方式"按钮中输入代码，显示 Panel2 控件，隐藏 Panel1 控件。

```
protected void Button2_Click(object sender, EventArgs e)
{
    Panel1.Visible = False;
```

```
        Panel2.Visible = True;

    }
```

任务 3.8　增 强 控 件

【任务目标】

(1) 了解 AdRotator 控件的基本属性和使用。

(2) 了解 Calendar 控件的基本属性和使用。

(3) 了解 Table 控件的基本属性和使用。

(4) 了解 FileUpLoad 控件的基本属性和使用。

3.8.1　AdRotator 控件

AdRotator 控件又称广告控件，使用 AdRotator 控件可以在 Web 页面上显示随机选定的广告条，并在一系列广告条之间循环。AdRotator 自动进行循环处理，在每次刷新页面时更改显示的广告。可以加权控制广告的优先级，使得某些广告的显示频率比其他广告高，也可以编写广告间循环的自定义逻辑。

广告条信息存储在单独的 XML 文件中，XML 文件使用户可以维护广告条及其关联属性的列表。属性包含要显示的图像的路径、单击控件时要链接到的 URL、图像不可用时显示的替换文字、关键字以及广告的频率。

3.8.2　Calendar 控件

Calendar 控件可以在 Web 窗体中显示日历，以便于用户选择年、月、日。Calendar 控件为用户选择日期提供了丰富的可视界面，通过该控件用户可以选择日期并移动到上一个月或者下一个月。Calendar 控件必须放在 Form 或 Panel 控件内。

3.8.3　Table 控件

Table 控件可以在 Web 窗体页面上创建表格，类似于 HTML 语言的<table>标记，Table 控件比 HTML 语言的 table 更便于编程实现。该控件包含了 Rows 集合和 Cells 集合，通过编程的方式可以在 Rows 集合中添加 TableRow 控件，向 Cells 控件中添加 TableCell 控件来生成表格。

1. Table 控件的使用方法

```
<asp:Table ID = "Table1" runat = "server" BackImageUrl = "" CellSpacing = "" CellPadding = "">
    <asp:TableRow>
    <asp:TableCell>单元格一内容</asp:TableCell>
    <asp:TableCell>单元格二内容</asp:TableCell>
    <asp:TableCell>单元格三内容</asp:TableCell>
    </asp:TableRow>
```

```
</asp:Table>
```

2. Table 控件的常用属性

Caption：获取或设置在 Table 控件的 HTML 标题元素中显示的文本。

CatpionAlign：获取或设置在 Table 控件中的 HTML 标题元素中显示文本的水平或垂直对齐方式。

CellSpacing：获取或设置单元格之间的距离。

CellPadding：获取或设置单元格边框与单元格内容之间的距离。

GridLines：获取或设置 Table 控件显示的网格线形。该属性有 4 个取值，分别为 None(没有网格线)、Horizontal(只有水平网格线)、Vertical(只有垂直网格线)、Both(水平及垂直网格线)。

HorizontalAlign：获取或设置这个表格的水平对齐方式。该属性有 4 个取值，分别为 NotSet(不对齐，默认值)、Left(水平向左对齐)、Right(水平向右对齐)、Center(水平居中)。

TableRow 和 TableCell 控件的常用属性如下：

Horizontal Align：获取或设置行(列)的水平对齐方式。

VerticalAlign：获取或设置行(列)的垂直对齐方式。

Wrap：此属性是 TableCell 控件的属性，用来设置当单元格中的内容大于字段宽度时，是否自动换行。默认值是 True，表示自动换行。

使用 Table 控件的 Rows 属性可以向表格中添加行和单元格，并可以设置行和单元格的属性，也可以直接在单元格中输入文本。设置 Table 控件的 Rows 属性的方法如下：

(1) 在属性窗口中单击 Rows 属性右侧的按钮，打开"TableRow 集合编辑器"对话框，如图 3.11 所示。在该对话框中单击"添加"按钮可以添加表格中的行，并可以设置行的高度、对齐方式、背景颜色等属性。

图 3.11 TableRow 集合编辑器设置

(2) 在"TableRow 集合编辑器"右侧的属性列表中单击"Cells"属性右侧的按钮，可以打开"TableRow 集合编辑器"对话框，如图 3.12 所示。在该对话框中单击"添加"按钮，可以向当前行中添加单元格，并可以在属性列表中设置单元格的属性，如使用 Text 属性设置单元格的文本。

图 3.12　TableCell 集合编辑器设置

3.8.4　FileUpLoad 控件

ASP.NET 提供了一个 FileUpLoad 控件用于将文件上传到 Web 服务器。服务器接收到上传文件后，可以通过程序对其进行处理，或者将其忽略，或者保存到后端数据库或服务器文件中。FileUpLoad 控件可以自动编码设定。FileUpLoad 控件包含一个文本框和一个"浏览"按钮，在文本框中用户可以输入希望上传到服务器的文件的名称。

该控件显示的界面为：

FileUpLoad 控件的常用属性和方法如下：

SaveAs 方法：将文本保存在 Web 服务器上指定的路径，路径由 SaveAs 方法的参数 FileName 给出。

HasFile 属性：用于获取 FileUpLoad 控件中是否上传文件，若有上传文件则返回值为 True，否则返回值为 False。

PostedFile：用于获取上传文件的信息。

第 4 章　ASP.NET 页面验证技术

任务 4　注册页面验证功能

　　ASP.NET 引入输入验证控件，专门用于输入验证工作。开发者可以将他们的精力更好地集中在程序逻辑的设计和开发上。

　　ASP.NET 的输入验证控件共有 6 个，分别是：RequiredFieldValidator、RegularExpress-Validator、RangeValidator、CompareValidator、CustomValidator 和 ValidationSummary 控件。每个控件都有 Id 和 Runat 属性，除 ValidationSummary 控件外，其他验证控件具有的共同属性如表 4.1 所示。

表 4.1　除 ValidationSummary 控件外验证控件的共同属性

属　性	取　值	功　能　说　明
ControlToValidator	控件名称	用于指定需要验证的控件
Display	—	用于指定验证控件内容的显示方式
IsValid	True/False	用于测试被验证控件是否通过了验证
Text	字符串	提供验证控件显示的错误信息
ErrorMessage	字符串	提供验证总结控件显示的错误信息

任务 4.1　RequiredFieldValidator 控件的使用

【任务目标】

　　(1) 掌握必须字段验证控件的使用。
　　(2) 掌握基本的文本控件、密码控件的验证方法。

4.1.1　RequiredFieldValidator 控件

　　RequiredFieldValidator 控件是必须字段验证控件，适用于检查要求用户必须输入数据的情况，这是最简单的一种验证方式。只要用户在指明的输入控件输入了数据，不管输入的是什么数据，都可以通过验证。在页面中添加 RequriedFieldValidator 控件并将其关联到某个输入控件(通常是 TextBox 控件)，在该控件失去焦点时，如果其值为空，就会触发 RequiredFieldValidator 控件。

RequiredFieldValidator 控件的语法格式如下：

```
<asp: RequiredFieldValidator    ID = "控件 ID"
Runat = "server"
Display = "Dynamic|Static|None"
ErrorMessage = "验证没有通过时显示的错误信息"
ControlToValidate = "要被检查的控件 ID">
</asp: RequiredFieldValidator>
```

RequiredFieldValidator 控件常用的属性有：

ControlToValidate：表示要进行检查的控件的 ID，此属性必须设置为输入控件的 ID，否则会发生异常。另外此 ID 所代表的控件必须和验证控件在相同的容器中。

ErrorMessage：表示当检测不合法时，出现的错误提示信息。

Display：表示错误的显示方式，取值有 static、Dynamic 和 None。Static 表示控件的错误提示信息(ErrorMessage)在页面中占有固定的位置，如果没有错误时，则该控件类似 Label；Dynamic 表示控件的错误信息出现时才占有页面位置；None 表示控件的错误信息出现时不显示，但可以在 ValidationSummary 中显示。

4.1.2　必须字段验证控件的使用

1. 任务情景描述

本任务实现用户名和密码字段是否具有验证功能，对输入的用户名和密码进行验证。用户名如果为空，就给出提示"用户名不能为空！"；密码如果为空，就给出提示"密码不能为空！"。程序运行效果如图 4.1 所示。

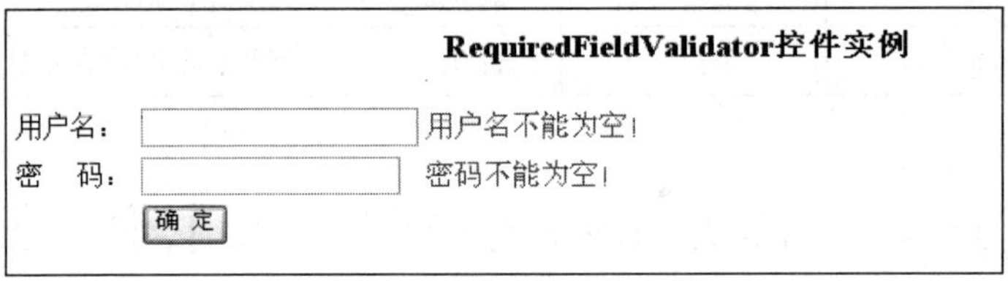

RequiredFieldValidator控件实例

用户名：[　　　　　　]　用户名不能为空!
密　码：[　　　　　　]　密码不能为空!
[确　定]

图 4.1　运行效果图

2. 任务实施

(1) 添加 login.aspx 页面，并在页面中添加 3 行 3 列的 HTML 表格。

(2) 在表格第一列分别输入用户名和密码，第二列各添加一个 TextBox 控件并更改相应的 Id 属性和 Button 按钮，第三列添加两个 RequiredFieldValidator 验证控件分别对用户名和密码进行验证。

(3) 程序各控件 HTML 代码如下：

```
<h3 align = center>RequiredFieldValidator 控件实例</h3>
<table>
```

```
<tr><td>用户名：</td>
<td><asp:TextBox ID = "txtName" runat = "server"></asp:TextBox></td>
<td><asp:RequiredFieldValidator ID = "RequiredFieldValidator1" runat = "server" ControlToValidate
= "txtName" ErrorMessage = "用户名不能为空！">
</asp:RequiredFieldValidator></td></tr>
<tr><td >密    码：</td>
<td ><asp:TextBox ID = "txtPwd" runat = "server" TextMode = "Password">
</asp:TextBox></td>
<td><asp:RequiredFieldValidator ID = "RequiredFieldValidator2" runat = "server" ControlToValidate
= "txtPwd" ErrorMessage = "密码不能为空！"></asp:RequiredFieldValidator></td></tr>
<tr><td></td>
 <td><asp:Button ID = "Button1" runat = "server" Text = "确 定" /></td>
<td></td></tr></table>
```

任务 4.2　RegularExpressionValiator 控件的使用

【任务目标】

(1) 了解正则表达式验证控件的基本属性。
(2) 掌握正则表达式验证控件的常用标记。

4.2.1　RegularExpressionValidator 控件的基本属性

RegularExpressionValidator 控件是正则表达式验证控件，它是所有验证控件中最灵活的控件。使用这个控件，只要定义好用于验证的正则表达式，就可以实现各种各样的验证。

与 RequiredFieldValidator 控件一样，RegularExpressionValidator 控件也有 ControlToValidate 和 ErrorMessage 等属性。同时该控件还有一个独特的属性是 ValidationExpression，用于输入正则表达式。语法格式如下：

```
<asp: RegularExpressionValidator
 ID="控件 ID"
Display="Dynamic|Static|None"
ErrorMessage="当验证没有通过时显示的出错信息"
ControlToValidate="要被检查的控件 ID"
ValidationExpression ="正则表达式"
runat="server"/>
```

正则表达式验证控件的特有属性如表 4.2 所示。

表 4.2　RegularExpressionValidator 控件的特有属性

属　　　性	取　　　值	功能说明
ValidationExpression	正则表达式	设置验证规则

在写正则表达式时，部分常用标记的含义如表 4.3 所示。

表 4.3　正则表达式中部分常用标记的含义

标 记	含 义	标 记	含 义
[]	只能接受的字符	[a.z]	任意小写字符
{}	必须输入的字符数量	[0.9]	0～9 的数字字符
^	不可接受的字符	|	"或"的逻辑字符
.	接受除表格外的任意字符	+	最少要有一个符合条件的字符
[A.Z]	任意大写字符	\	输出特殊字符

下面分析正则表达式编辑器所提供的匹配中华人民共和国电话号码的正则表达式：

(\(\d(3)\)|\d{3}.)? \d{8}

我们知道电话号码由 3 位区号和 8 位号码组成，类似(010)12345678 或者是 010.12345678 的两种字符串都被认为是合法的电话号码。

我们可以看到正则表达式中的"\(\d(3)\)"部分，"\("和"\)"用转义字符分别匹配左、右括号，而中间的"\d(3)"则表示由 3 个数字组成的字符串。所以这一部分匹配的是"(010)"；正则表达式中的"\d{3}."匹配的是"010."。这两部分之间用了一个"|"来连接，表示这二者取其一。因此"(\(\d(3)\)|\d{3}.)"匹配的是区号部分。"?"表示区号出现一次或 0 次，后面部分"\d{8}"表示由 8 位数字组成的字符串，匹配后面的"12345678"。

4.2.2　正则表达式验证控件的使用

1. 任务情景描述

本任务实现对学号、姓名、手机号码、电子邮件进行验证的功能，其中学号不能为空，手机号必须是 13 开头或者是 158、159 开头的并且总长度是 11 位数字，电子邮件格式输入必须正确。验证出现错误时，运行效果如图 4.2 所示；验证没有错误时，运行效果如图 4.3 所示。

图 4.2　验证错误效果图

正则表达式验证控件实例

学号：　2
姓名：　24
电话号码：　13654322341
电子邮件：　1@126.com

提交　重置

图 4.3　验证正确效果图

2. 任务实施

(1) 启动 Visual Studio 2010，新建一个 ASP.NET 网站。

(2) 在页面中输入学号、姓名、手机号码、电子邮件，添加对应的 TextBox 控件和 RegularExpressionValidator 控件，验证控件分别对电话号码和电子邮件进行验证，其中手机号必须是 13 开头或者是 158、159 开头的并且总长度是 11 位数字，相应控件属性设置如表 4.4 所示。

表 4.4　页面控件属性设置

控　件	属性设置	说　明
TextBox	ID = "txtID"	输入学生的学号，不为空
RequiredFieldValidator	ID = "req_id" ErrorMessage = "请输入学号！" ControlToValidator = "txtID"	验证学生文本框，确定学号不为空
TextBox	ID = "txtName"	输入学生的姓名，可为空
TextBox	ID = "txtPhone"	输入学生手机号码
RegularExpressionValidator	ID = "reg_Phone" ControlToValidator = "txtPhone" ErrorMessage = "电话号码格式不正确！" ValidationExpression = " ((13[0.9])|(15[89]))\d{8}"	验证学生的电话号码输入格式是否正确
TextBox	ID = "txtEmail"	输入电子邮件地址
RegularExpressionValidator	ID = "reg_Email" ControlToValidator = "txtEmail" ErrorMessage = "电子邮件格式不正确！" ValidationExpression = "\w+([.+.']\w+)*@\w+([..]\w+)*\.\w+([..]\w+)*"	验证学生的电子邮件输入格式是否正确
Button	Text = "提交"	提交按钮，提交数据
Button	Text = "重置"	重置按钮，取消数据

任务 4.3　RangeValidator 控件的使用

【任务目标】

(1) 了解 RangeValiator 控件的基本属性。

(2) 掌握 RangeValiator 控件的使用。

4.3.1　RangeValidator 控件的基本属性

RangeValidator 控件是范围验证控件，除了 ControlToValidate 和 ErrorMessage 外，RangeValidator 还有几个比较特殊的属性，如表 4.5 所示。其中 Type 类型可以是 string(字符串)、Integer(整数类型)、Double(浮点数)、Date(日期)、Currency(货币)，在进行比较之前，输入值会被转换成该类型，如果转换失败，则通不过验证。RangeValidator 控件的 HTML 语法如下：

```
<asp: RangeValidator
    ID = "控件 ID"
    runat = "server"
    ControlToValidate = "要被验证的控件的 ID"
    ErrorMessage = "验证没有通过时显示的提示信息"
    MaximumValue = "最大值"
    MinimumValue = "最小值"
    Type = "数据类型"
    Display = "Dynamic|Static|None">
</asp: RangeValidator>
```

表 4.5　RangeValidator 控件的特殊属性

属　　性	取　　值	功　能　说　明
Minimum	验证范围最小值	设置验证范围的最小值
Maximum	验证范围最大值	设置验证范围的最大值
Type	数据类型	设置验证的数据类型

4.3.2　输入年龄范围的验证

1. 任务情景描述

本任务实现用户年龄输入区间范围的验证功能，要求限制用户年龄必须在 1～99 之间，如果输入错误，则给出提示信息，程序运行效果如图 4.4 所示。

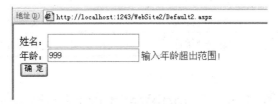

图 4.4　程序运行效果图

2. 任务实施

(1) 创建新网站，添加一个新页面，并设计页面，效果如图 4.4 所示。

(2) 网页中各控件对应的 HTML 代码如下。

姓名：<asp:TextBox ID = "txtName" runat = "server"></asp:TextBox>

年龄：<asp:TextBox ID = "txtAge" runat = "server"></asp:TextBox>

<asp:RangeValidator ID = "RangeValidator1" runat = "server" ControlToValidate = "txtAge" ErrorMessage = "输入年龄超出范围！" MaximumValue = "99" MinimumValue = "1"> </asp:RangeValidator>

<asp:Button ID = "Button1" runat = "server" Text = "确　定" />

(3) 运行程序，当年龄文本框输入内容不在 1～99 之间的时候，范围验证控件会进行错误提示。

任务 4.4　CompareValidator 控件

【任务目标】

(1) 了解 CompareValidator 控件的基本属性。

(2) 掌握 CompareValidator 控件的 Operator 属性。

4.4.1　CompareValidator 控件的基本属性

CompareValidator 是比较验证控件，用于将某个用户输入内容与 Web 窗体中其他控件的值或常数进行比较。例如，设置密码时需要比较两次输入的密码值是否相同，这时就可以利用 CompareValidator 控件来实现。CompareValidator 控件不仅能进行相等性的比较，还可以进行其他比较，如不等于、大于、小于等。CompareValidator 控件的语法如下：

```
<asp: CompareValidator
    ID = "控件 ID"
    runat = "server"
    ControlToValidate = "要被验证的控件 ID"
    ValueToCompare = "用来比较的常值"
    ControlToCompare = "用来比较的控件的 ID"
    Type = "比较的数据类型"
    Operator = "比较操作类型">
    ErrorMessage = "验证不通过时显示的提示信息"
</asp: CompareValidator >
```

除了一些基本的属性外，CompareValidator 控件有几个自身特有的属性：

ValueToCompare：指定用来比较的常量值。

ControlToCompare：指定用来进行比较的控件 ID。

Operator：指定要执行的比较类型，如大于、等于、小于等。如果将 Operator 属性设置为 DataTypeCheck，则 CompareValidator 控件只验证输入控件的输入值是否可以转换为 Type 属性所指定的类型。CompareValidator 控件的 Operator 属性值设置说明如表 4.6 所示。

Type：控件输入值的类型，可以是 String(字符串)、Integer(整数类型)、Double(浮点数)、Date(日期)、Currency(货币)。在进行比较之前，输入值会被转换成该类型，如果转换失败，则通不过验证。

表 4.6　CompareValidator 控件的 Operator 属性设置

值	说　　明
Equal	相比较的两个值相等，通过验证
Not Equal	相比较的两个值不相等，通过验证
GreaterThan	当被验证的值(ControlToValidate 属性所指向控件的值)大于指定的常数(ValueToCompare)或指定控件(ControlToCompare)的值时，通过验证
GreaterThanEqual	当被验证的值(ControlToValidate 属性所指向控件的值)大于等于指定的常数(ValueToCompare)或指定控件(ControlToCompare)的值时，通过验证
LessThan	当被验证的值(ControlToValidate 属性所指向控件的值)小于指定的常数(ValueToCompare)或指定控件(ControlToCompare)的值时，通过验证
LessThanEqual	当被验证的值(ControlToValidate 属性所指向控件的值)小于等于指定的常数(ValueToCompare)或指定控件(ControlToCompare)的值时，通过验证
DataTypeCheck	当被验证的值(ControlToValidate 属性所指向控件的值)指定的常数(ValueToCompare)或指定控件(ControlToCompare)的值类型相同时，通过验证

4.4.2　CompareValidator 控件的使用

1. 任务情景描述

本任务使用 CompareValidator 控件实现密码两次输入是否一致验证，把用户输入密码的值和验证密码的值进行比较，如果比较结果为 False，则显示验证错误信息，程序运行效果如图 4.5 所示。

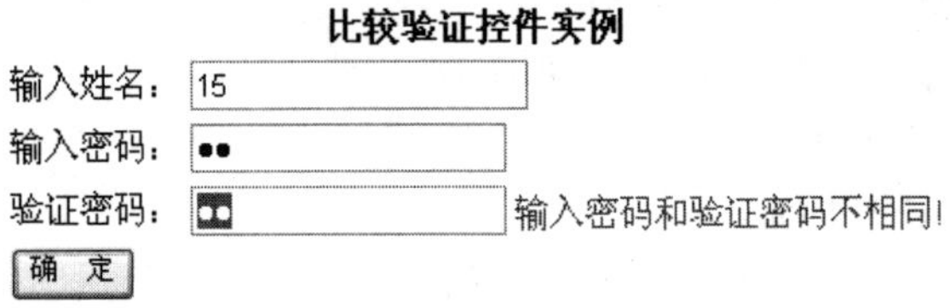

图 4.5　比较验证控件实例

2. 任务实施

(1) 创建新网站，添加一个新页面，并设计页面，效果如图 4.5 所示。

(2) 网页中各控件对应的 HTML 代码如下。

```
<form id = "form1" runat = "server">
<h3 align = center>比较验证控件实例<h3>
输入姓名：<asp:TextBox ID = "txt1" runat = "server"></asp:TextBox><br>
输入密码：<asp:TextBox ID = "txt2" runat = "server" TextMode = "Password">
```

```
</asp:TextBox><br>
验证密码：
<asp:TextBox ID = "txt3" runat = "server" TextMode = "Password">
</asp:TextBox><asp:CompareValidator ID = "cmpv1" runat = "server" type = "string" Operator =
"equal" ControlToValidate = "txt3" ControlToCompare = "txt2"Text = "输入密码和验证密码不相同!">
</asp:CompareValidator><br>
<asp:Button ID = "btu1" runat = "server" Text = 确定" />
</form>
```

(3) 运行程序。当输入密码和验证密码不一致的时候，比较验证控件会进行错误提示。

4.4.3　学生信息验证

1. 任务情景描述

本任务可以对学生学号、性别、出生日期进行验证，综合使用所学的字段验证控件、范围验证控件和比较对比验证控件，程序运行效果如图 4.6 所示。

学生学号：	0901010246	例:09010102XX
性别：	4	例:1表示为"男"，2表示为"女"对不起，本系统只支持1和2
出生日期：	12	例:1997-01-01格式错误
入团时间：	4	例:1997-01-01入党时间不能早于入团时间 格式错误
入党时间：	00	例:1997-01-01入党时间不能早于入团时间 格式错误
班内职务：	班级团支书	例:班级团支书

确定　重置

图 4.6　学生信息验证效果图

2. 任务实施

(1) 创建新网站，添加一个新页面，并设计页面，效果如图 4.7 所示。

学生信息验证		
学生学号：	▶	例:09010102XX RequiredFieldValidator
性别：	▶	例:1表示为"男"，2表示为"女"对不起，本系统只支持1和2
出生日期：	▶	例:1997-01-01格式错误
入团时间：	▶	例:1997-01-01入党时间不能早于入团时间 格式错误
入党时间：	▶	例:1997-01-01入党时间不能早于入团时间 格式错误
班内职务：	▶	例:班级团支书

确定　重置

图 4.7　页面设计效果图

(2) 网页中各文本框控件属性设置如表 4.7 所示。

表 4.7　文本框控件属性设置

控件类型	控件属性	控件说明
TextBox	ID = "xsxh"	学生学号
TextBox	ID = "xb"	性别
TextBox	ID = "csrq"	出生日期
TextBox	ID = "rtsj"	入团时间
TextBox	ID = "rdsj"	入党时间
TextBox	ID = "bnzw"	班内职务

(3) 网页中各验证控件属性设置如表 4.8 所示。

表 4.8　验证控件属性设置

控件类型	控件属性	控件作用
RequiredFieldValidator	ID = "rqrdid" ControlToValidate"xsbh" ErrorMessage = "请填入学生学号"	保证学生学号不为空
CompareValidator	ID = "cmpdate" ControlToCompare = "rtsj" ControlToValidate = "rdsj" ErrorMessage = "入党时间不能早于入团时间" Operator = "GreaterThan" Type = "Date"	保证入党时间不能早于入团时间
RangeValidator	ID = "rangMoney" ControlToValidate = "xb" ErrorMessage = "对不起，本系统只支持 1 和 2" MaximumValue = "2"MinimumValue = "1" Type = "Integer"	男为 1，女为 2

(4) 运行程序，当输入内容不合法的时候会弹出错误提示信息。

任务 4.5　CustomValidator 控件和 ValidationSummary 控件

【任务目标】

(1) 了解 CustomValidator 控件和 ValidationSummary 控件的基本属性。
(2) 掌握自定义验证控件和报告控件的使用。

4.5.1　CustomValidator 控件

CustomValidator 控件使用用户自定义验证函数来对用户输入进行验证。例如可以使用 CustomValidator 控件来验证用户输入是否为偶数。

CustomValidator 控件的语法如下：

<asp: CustomValidator ID = "控件 ID" runat = "server"

ControlToValidate = "要被验证的控件 ID"

ErrorMessage = "验证没有通过时显示的提示信息"

OnServerValidate = "用户自定义验证函数" >

</asp: CustomValidator >

其中 ServerValidate 事件是用户自定义的验证函数，一般格式如下：

Void CustomValidator1_ServerValidate(object source, ServerValidateEventArgs args)

如果 args.IsValid = True，则表示验证通过，否则验证失败。

4.5.2　ValidationSummary 控件

ValidationSummary 控件是一个报告控件，用来收集 Web 页面上所有验证错误提示信息，并将这些错误信息组织后显示出来。在一个验证功能比较完整的 Web 页面设计中，该控件是非常有用的，可以使得错误报告更易于识别，错误报告的显示更加友好。

ValidationSummary 控件的语法如下：

<asp: ValidationSummary

ID = "CustomValidator1"

runat = "server"

HeaderText = "标题文字"

ShowSummary = "True | False"

ShowMessageBox = "True | False"

DisplayMode = "List | BulletList | SingleParagraph"

</asp: ValidationSummary >

ValidationSummary 控件的特有属性有：

HeaderText：验证摘要页的标题部分显示的文本。

ShowSummary：用于指定是否在页面上显示摘要。

ShowMessageBox：用于指定是否显示一个消息对话框来显示验证的摘要信息。

DisplayMode：用于设置验证摘要显示的模式。

4.5.3　验证预购车票日期

1. 任务情景描述

本任务可以对订购日期和预购日期进行验证，要求必须输入预购日期，格式如 2011.12.1，预购车票的日期必须大于或等于订购的日期，如输入信息验证错误，错误信息用 MessageBox 控件显示出来。

2. 任务实施

(1) 在设计界面中插入一个 Table 控件，如图 4.8 所示进行页面基本设计。

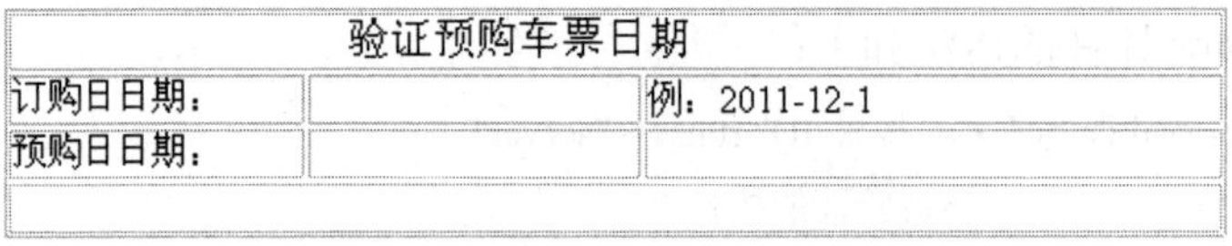

验证预购车票日期		
订购日日期：		例：2011-12-1
预购日日期：		

图 4.8　页面初始化设计效果图

(2) 在表格中插入两个 TextBox 控件，设置控件 ID 分别为"txtDG"和"txtYG"，再插入两个 Button 控件，并设置两个按钮的 Text 属性分别为"确定"和"重置"，如图 4.9 所示。

验证预购车票日期		
订购日日期：	⬚	例：2011-12-1
预购日日期：	⬚	
	提交 　重置	

图 4.9　文本框和按钮控件设计效果图

(3) 在表格中插入一个 RegularExpressionValidator 控件，并将其 ErrorMessage 属性值设置为"格式不正确"，ControlToValidate 属性设置为"txtDG"，ValidationExpressior 属性设置为"(\d{4}.)?(\d{2}.)?\d{2}"，效果如图 4.10 所示。

验证预购车票日期		
订购日日期：	⬚	例：2011-12-1格式不正确
预购日日期：	⬚	
	提交 　重置	

图 4.10　RegularExpressionValidator 控件设计效果图

(4) 在表格中插入一个 CompareValidator1 控件，并将其 ErrorMessage 属性设置为"预购日期不能大于订购日期"，ControlToValidate 属性设置为"txtDG"，ControlToCompare 属性设置为"txtYG"，Operator 属性设置为"GreaterThan"，Type 属性设置为"Data"，效果如图 4.11 所示。

验证预购车票日期		
订购日日期：	⬚	例：2011-12-1格式不正确
预购日日期：	⬚	预购日期不能大于订购日期
	提交 　重置	

图 4.11　CompareValidator1 控件设计效果图

(5) 在表格中插入一个 RegularExpressionValidator 控件，并将其 ErrorMessage 属性设置为 "格式不正确"，ControlToValidate 属性设置为 "txtYG"，ValidationExpressior 属性设置为 "(\d{4}.)?(\d{2}.)?\d{2}"，设计效果如图 4.12 所示。

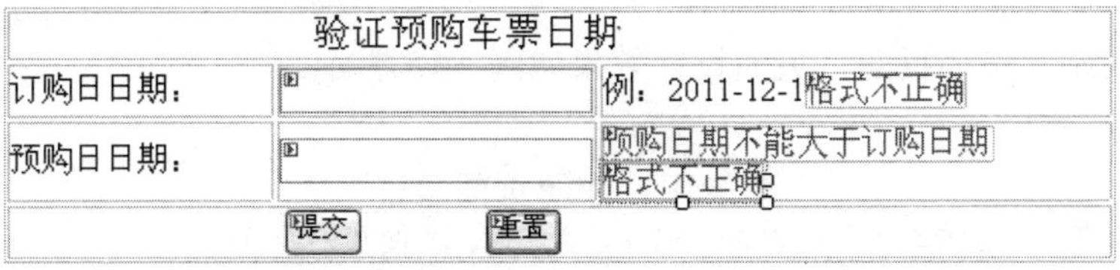

验证预购车票日期		
订购日日期：	▣	例：2011-12-1格式不正确
预购日日期：	▣	预购日期不能大于订购日期 格式不正确。
	提交 重置	

图 4.12　RegularExpressionValidator 控件设计效果图

(6) 在表格中插入一个 RequiredFieldValidator 控件，并将其 ErrorMessage 属性设置为 "请输入预购日期"，ControlToValidate 属性设置为 "txtYG"，效果如图 4.13 所示。

验证预购车票日期		
订购日日期：	▣	例：2011-12-1格式不正确
预购日日期：	▣	预购日期不能大于订购日期 格式不正确 请输入预购日期。
	提交 重置	

图 4.13　RequiredFieldValidator 控件设计效果图

(7) 在表格中插入一个 ValidationSummary 控件，并将其 ShowMessageBox 的属性为 "True"，ShowSummary 的属性为 "False"，效果如图 4.14 所示。

验证预购车票日期		
订购日日期：	▣	例：2011-12-1格式不正确
预购日日期：	▣	预购日期不能大于订购日期 格式不正确 请输入预购日期 ● 错误信息 1。 ● 错误信息 2。
	提交 重置	

图 4.14　ValidationSummary 控件设计效果图

(8) 双击重置按钮进入代码界面，输入如下代码：

```
TextBox1.Text = "";

TextBox2.Text = "";
```

(9) 程序运行，体验各种验证控件的功能。

4.5.4　系统用户注册页面验证

1. 任务情景描述

用户注册页面是网页应用程序最常用的页面之一，而在用户注册页面中验证用户的输入内容是至关重要的。本任务实现一个简单的网站用户注册页面，用户必须填写用户名、密码、确认密码、电子邮件地址、手机号码、年龄等信息。其中用户名、密码、邮箱、手机号为必填项，密码需再次确认，邮箱地址必须合法，手机号码必须由 11 位数字组成，年龄必须在 18 周岁以上，每个不合法输入都有相应的错误提示信息。

2. 任务实施

(1) 创建网站，添加页面，页面设计效果如图 4.15 所示。

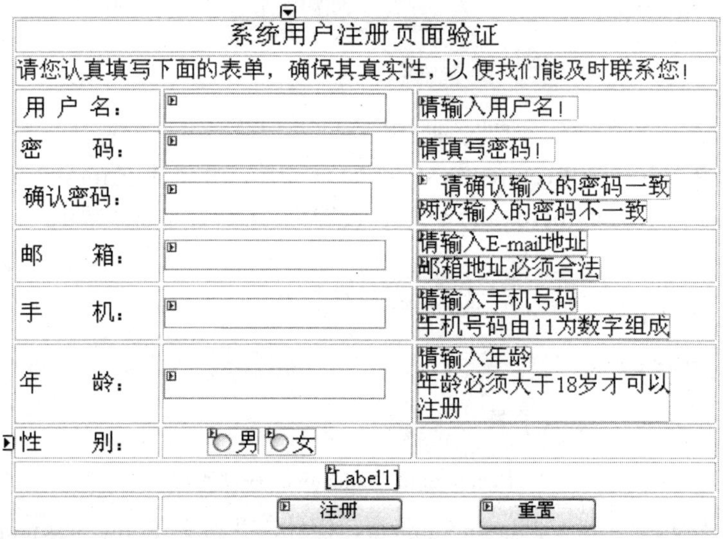

图 4.15　系统用户注册页面效果图

(2) 网页中各 Web 服务器控件的属性设置如表 4.9 所示。

表 4.9　Web 服务器控件的属性设置

控件名称	属　　　性	作　　用
TextBox	ID = Username	输入用户名
TextBox	ID = Psw　　　TextMode = Password	输入密码
TextBox	ID = Npsw　　　TextMode = Password	输入确认的密码
TextBox	ID = E_mail	输入 E-mail 地址
TextBox	ID = Mobile	输入手机号码
TextBox	ID = Age	输入年龄
RadioButton	ID = Male	选择性别男
RadioButton	ID = Female	选择性别女
Label	ID = Label1 Text = ""	显示成功提交信息
Button	ID = Button1　　　　Text = 注册	用于提交信息
Button	ID = Button2　　CausesValidation = False Text = 重置	用于重置表单

(3) 网页中各验证控件属性设置如表 4.10 所示。

表 4.10 验证控件的属性设置

控　件	属性设置	说　明
RequiredFieldValidator	ControlToValidator = "Username" ErrorMessage = "请输入用户名！"	验证姓名文本框,确定姓名不能为空
RequiredFieldValidator	ControlToValidator = "Psw ErrorMessage = "请输入密码！"	验证密码文本框,确定密码不能为空
RequiredFieldValidator	ControlToValidator = "Npsw" ErrorMessage = "请输入密码！"	验证确认密码文本框,确认密码不能为空
CompareValidator	ControlToValidator = "Npsw" ControlToCompare = "Psw" ErrorMessage = "两次输入密码不一致!"	比较确认密码和密码输入是否一致
RequiredFieldValidator	ControlToValidator = "E_mail" ErrorMessage = "请输入 Email 地址！"	验证电子邮件地址,确定电子邮件地址不能为空
RegularExpressionValidator	ControlToValidator = "E_mail" ErrorMessage = "Email 格式错误！" ValidationExpression = " \w+([.+.']\w+)* @\w + ([..]\w+) *\.\w+([..]\w+)*"	验证用户的电子邮件输入格式是否正确
RequiredFieldValidator	ControlToValidator = "Mobile" ErrorMessage = "请输入手机号！"	用于验证手机号码,确认手机号不能为空
RegularExpressionValidator	ControlToValidator = "Mobile" ErrorMessage = "手机号码由 11 位数字组成" ValidationExpression = " \d{11}"	用于验证用户的手机号码输入是否正确
RequiredFieldValidator	ControlToValidator = "Age" ErrorMessage = "请输入年龄！"	验证年龄,确认年龄输入不能为空
RangeValidator	ControlToValidator = "Age" ErrorMessage = "年龄必须大于 18 周岁才可以注册"	验证输入用户的年龄是否合法
Button	Text = "注册"	确定按钮,提交数据
Button	Text = "重置"	重置按钮,取消数据

(4) 单击"注册"按钮,编写代码实现注册功能。

```
protected void Button1_Click(object sender, EventArgs e)
{
    if (Page.IsValid)
```

```
    {
        this.Label1.Text = "注册成功";
    }
}
```

(5) 单击"重置"按钮，编写代码实现重置功能。

```
protected void Button2_Click(object sender, EventArgs e)
{
    Username.Text = "";
    Psw.Text = "";
    Npswd.Text = "";
    E_mail.Text = "";
    Age.Text = "";
    Mobile.Text = "";
}
```

(6) 程序运行，注册成功如图 4.16 所示，注册不成功如图 4.17 所示。

系统用户注册页面验证

请您认真填写下面的表单，确保其真实性，以便我们能及时联系您!

用 户 名：	23
密　　码：	●●●
确认密码：	●●●
邮　　箱：	1@126.com
手　　机：	12432121211
年　　龄：	19
性　　别：	◉男 ◉女

　　　注册　　　　重置

图 4.16　注册成功效果图

系统用户注册页面验证

请您认真填写下面的表单，确保其真实性，以便我们能及时联系您!

用 户 名：		请输入用户名!
密　　码：		请填写密码!
确认密码：		请输入确认密码!
邮　　箱：		请输入E-mail地址!
手　　机：		请输入手机号码!
年　　龄：		请输入年龄!
性　　别：	○男 ○女

　　　注册　　　　重置

图 4.17　注册页面验证不成功效果图

第 5 章　ADO.NET 与数据绑定技术

任务 5.1　ADO.NET 概述

【任务目标】

(1) 了解 ADO.NET 的基本发展历程。

(2) 掌握 SQL Server 数据库的基本创建。

5.1.1　ADO.NET 简介

尽管微软宣称 ADO.NET 为下一代 ADO，同时它们确实有一些相同的对象，但是 ADO.NET 与 ADO 差别很大。ADO 是基于连接的，而 ADO.NET 是依赖于简短的、基于 XML 的消息与数据源进行交互。对于那些基于 Internet 的应用程序而言，ADO.NET 的效率要高得多。

从 ADO 到 ADO.NET 的一个本质变化是，后者采用 XML 来交换数据。XML 是一种基于文本的标记语言，类似于 HTML，在表示数据方面提供了一种高效方式。ADO.NET 与 XML 关系密切，并将其用于所有事务中，这使得 ADO.NET 在对数据源的访问、交互和永久化方面比 ADO 容易得多。同时，ADO.NET 的性能也高得多，这是因为 XML 数据和其他类型数据之间的转换很容易，不需要像传统 ADO 那样需要浪费大量的处理时间。

另一个重大变化是 ADO.NET 与数据库交互的方式。ADO 要求锁定数据库，并长时间连接到数据库，而 ADO.NET 不需要。ADO.NET 使用离线数据集(使用 DataSet 对象)，因此无须长时间地连接并锁定数据库。这使得 ADO.NET 具有更好的可扩展性，因为用户无须争夺数据库资源。

ASP.NET 是下一代 ActiveX Data Objects(ADO)，是一种数据存储模型，具有可扩展性、Web 无状态性，其内核使用的是 XML。ADO.NET 提供了到所有 OLE DB 数据源的接口，能够连接、检索、操作和更新这些数据源。无论是在远程环境，还是离线数据状态，使用分布式应用程序都可以使用 ADO.NET。

就 ASP.NET 开发而言，ADO.NET 为在 ASP.NET 页面中存取任何类型的数据提供了框架，可以查看或修改存储在任何类型数据源中的信息，包括数据库、文本及 XML 数据源。开发人员应该掌握 ADO.NET，因为 ADO.NET 对于动态应用程序的开发至关重要，掌握其复杂性可以避免开发过程中的麻烦。

ADO.NET 的结构不是很复杂，主要包括 Connection(数据库的连接)、Command(执行数据库的命令)、DataReader(数据库的读取器)、DataSet(数据集)和 DataAdapter(数据库的适配器，主要用来操作数据库填充并操作 DataSet，是数据库和 DataSet 之间的桥梁)。ADO.NET 的结构如图 5.1 所示。

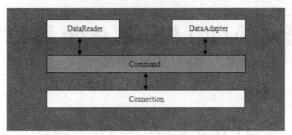

图 5.1 ADO.NET 结构图

在 ADO.NET 中，可以通过 Command 对象和 DataAdapter 对象访问数据库。DataSet 就像保存在系统内存的数据库副本，不仅提供访问数据库的机制，还支持访问 XML 文件的机制，可以方便地实现与 XML 文件进行数据交互的功能。反之，在 ADO.NET 中，任何数据或数据的模式都可以序列化为 XML 的格式。

5.1.2 创建学生信息管理系统(StudentMS)

本实例要求创建一个 Microsoft SQL Server2005 数据库，命名为"StudentMS"，并创建学生基本信息表 TblStudents，如表 5.1 所示。

表 5.1 学生基本信息表(TblStudents)

列 名	数据类型	长 度	说 明
StudentID	char	8	学号、主键
Name	varchar	20	姓名
Sex	char	2	性别
Class	varchar	20	班级
City	varchar	50	籍贯

1. 创建 StudentMS 数据库

(1) 启动 Microsoft SQL Server 2005 企业管理器，在"数据库"文件上单击鼠标右键，在弹出的菜单中选择"新建数据库"命令。

(2) 在打开的"数据库属性"对话框中输入数据库名"StudentMS"，如图 5.2 所示。

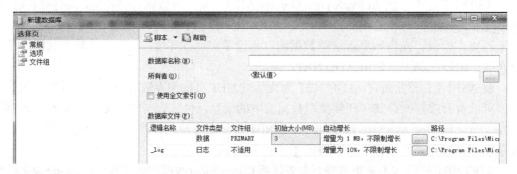

图 5.2 "数据库属性"对话框

(3) 单击"确定"按钮，完成数据库的创建。

2. 创建 TblStudents 数据表

(1) 展开资源列表，选择"表"文件夹，单击鼠标右键，在弹出的菜单中选择"新建表"子菜单项。

(2) 创建第一个字段：在字段名称中输入"StudentID"，在数据类型中选择"char"，在长度中输入"8"，然后在列属性说明中输入"学号"，如图 5.3 所示。

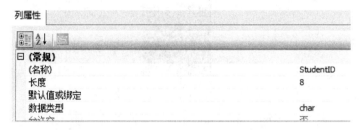

图 5.3　列属性

(3) 按照步骤(2)的方法，继续设计其他字段。

(4) 设置主键：选择 StudentID 字段，单击工具栏中的"设置主键"按钮，设置 StudentID 为主键，如图 5.4 所示。

列名	数据类型	允许空
StudentID	char(8)	☐
Sex	char(2)	☑
Class	varchar(20)	☑
City	varchar(50)	☑
Name	varchar(20)	☐
		☐

图 5.4　表字段效果图

(5) 单击工具栏上的"保存"按钮，在弹出的对话框中输入表名"tblStudents"后单击"确定"按钮。

任务 5.2　ADO.NET 对象

【任务目标】

(1) 掌握 Connection 对象的基本工作原理及其运用。

(2) 掌握 Command 对象的基本工作原理及其运用。

(3) 掌握 DataReader 对象的基本工作原理及其运用。

(4) 掌握 DataAdapter 对象的基本工作原理及其运用。

(5) 掌握 DataSet 对象的基本工作原理及其运用。

(6) 了解 DataTable 对象的基本工作原理。

(7) 了解 DataView 对象在数据显示中的基本运用。

5.2.1　Connection 对象及其运用

Connection 对象主要是创建应用程序与数据库之间的连接。对于连接不同的数据源需要使用不同的类。若要连接到 Microsoft SQL Server 7.0 以上版本，则选择 SqlConnection 对象；如果连接的数据源是 OLE DB 或 Microsoft SQL Server 6.x 或以前的版本，则选择 OleDbConnection 对象。

任务 5.2.1　Connection 对象实现数据库连接

Connection 对象通过设置 ConnectionString 属性来连接数据库，ConnectionString 是 Connection 对象的关键属性。ConnectionString 类似于 OLE DB 中设置的连接字符串，但并不完全相同。与 OLE DB 或 ADO 不同的是，如果 Persist Security info 的值设置为 False (默认值)，则返回的连接字符串与用户设置的 ConnectionString 相同，但去除了安全信息。除非将 Persist Security info 设置 True，否则，SQL Server.Net Framework 数据提供程序将不会保持，也不会返回连接字符串中的密码。

连接字符串的基本格式包括一系列由分号分隔的关键字和值，并使用"="连接关键字和值。下面列举了 ConnectionString 中一些常用关键字和值的说明。

(1) Connect Timeout 或 Connection Timeout：这两个关键字的意思相同，表示在终止连接服务器并产生错误之前，等待与服务器的连接的时间长度(以 s 为单位)，默认值是 15。

(2) Data Source、Server、Address、Addr 或 Network Address：这几个关键字是相同的意思，表示要连接的 SQL Server 实例的名称或网络地址，还可以在服务器名称后面指定端口号。当指定本地实例时，既可使用 Localhost (或写为 local)，也可以使用本机服务器的名字或 127.0.0.1 网络地址。

(3) Initial catalog 或 database：这两个关键字是相同的意思，指定要连接的数据库名字。

(4) Integrated security 或 Trusted_connection：这两个关键字是相同的意思。当值为 False 时，将在连接中指定用户 ID 和密码。当为 True 时，将使用当前的 Windows 账户进行身份验证。其可识别值为 True、False、yes、no 以及与 True 等效的 SSPI，默认值为 False，推荐使用 True 或 SSPI。

(5) User ID：SQL server 登录账户。为了保持高安全级别，推荐不要使用 User ID，强烈建议使用 Integrated security 或 Trusted_connection 关键字。

(6) Password 或 pwd：SQL Server 账户登录的密码，同样为了保持高安全性，使用 Integrated Security 或 Trusted_connection 关键字。例如，连接本地服务器的 pubs 数据库使用 Windows 集成安全身份验证，相应关键字设置如下：

    Server = (local); database = pubs; Integrated security = True;

(7) Connection 对象的运用。

连接名为 mySqlServer 服务器中的 pubs 数据库，登录账户为 sa，登录密码为 sa，连接超时的设定为 20 s，使用 Windows 集成安全身份验证，相应关键字设置如下：

　　　　Data Sourc = mySqlServer; Initial Catalog = pubs; User ID = sa; Password = sa;

　　　　Connect Timeout = 20; Integrated security = SSPI;

　　在建立数据库连接的过程中，既可以在 ConnectionString 的属性中指定连接字符串，也可以在类的构造函数中指定。相应关键字设置如下：

　　　　String ConnectString="server=(local); database = BMS; Integrated security = yes";

　　　　Sqlconnection Conn = new Sqlconnection(ConnectString);

　　也可以使用连接字符串来创建链接，相应关键字设置如下：

　　　　Sqlconnection Conn = new Sqlconnection();

　　　　Conn.ConnectionString = "server = (local); database = BMS; Integrated security = yes";

5.2.2　Command 对象及其运用

1. Command 对象的基本属性

Command 对象主要用来对数据库发出一些指令，如可以对数据库下达查询、更新、删除数据等指令，以及调用存在于数据库中的预存程序等。Command 对象架构在 Connection 对象之上，通过连接到数据源的 Connection 对象来下达命令。常用的 SQL 语句如 Select、Update、Delete、Insert 等都可以在 Command 对象中创建。

任务 5.2.2　Command 对象

发布数据库命令

Command 对象允许使用其属性和方法来执行任何 SQL 命令，并查看这些命令的执行情况，另外还可以结合 Connection 对象执行事务处理。Command 对象在数据提供程序中的位置如图 5.1 所示，从图中可以看到，Command 对象经常与 DataReader 对象或 DataAdapter 对象一起使用。

在 .NET 的两个标准数据提供程序 SQL Server.NET 数据提供程序和 OLEDB.NET 提供程序中，Command 对象分别叫做 SqlCommand 和 OleDbCommand，由于两者的用法基本一样，因此这里的 Command 对象将围绕 SqlCommand 对象介绍。SqlCommand 对象的常用属性如表 5.2 所示。

表 5.2　SqlCommand 对象的常用属性

属性名	功 能 说 明
Connection	获取或设置用于执行命令的 Connection 对象，在执行命令时，连接必须打开，否则就会抛出异常
CommandText	获取或设置要执行的命令，可以是表名称、T.SQL 代码或存储过程
CommandType	设置命令的类型，可以是以下 3 种： Text：默认值，说明 CommandText 中的值是 T.SQL 代码 TableDirect：CommandText 中的值是表名，返回该表中所有的数据 StoredProcedure：指定要执行的存储过程名称
CommandTimeout	确定执行的命令超时前 SqlCommand 类的等待时间。如果发生超时，命令就会中止并抛出一个异常

CommandText 是 SqlCommand 类中最常用的属性，可以由任何有效的 T.SQL 命令或 T.SQL 命令组成。例如，包括 Select、Update、Delete、Insert 语句以及存储过程，还可以指定由逗号分隔的表名或存储过程名。在调用方法执行 CommandText 中的命令前，还要正确设置 CommandType 和 Connection 属性。

下面举几个例子来说明这几种情况，同时熟悉一些基本属性的使用。

第一个示例是使用 Text 的命令类型并指定 T.SQL 命令作为 SqlCommand 对象的文本。

```
SqlCommand cmd = new SqlCommand();
cmd.Connection = con;
cmd.CommandText = "Select * From tblStudents";
cmd.CommandType = CommandType.Text;
```

或者

```
SqlCommand cmd = new SqlCommand("Select * From tblStudents", con);
```

第二个示例是使用 TableDirect 命令类型指示 SqlCommand 对象直接从 CommandText 属性中指定的表名称检索所有的行和列。

```
SqlCommand cmd = new SqlCommand();
cmd.Connection = con;
cmd.CommandText = "tblStudents";
cmd.CommandType = CommandType.TableDirect ;
```

或者

```
SqlCommand cmd = new SqlCommand("tblStudents", con);
```

第三个示例是使用 StoredProcedure 命令类型指示 SqlCommand 对象执行在 CommandText 属性中指定的存储过程。

```
SqlCommand cmd = new SqlCommand();
cmd.Connection = con;
cmd.CommandText = "GetAllStudentName";
cmd.CommandType = CommandType.StoredProcedure;
```

2. Command 对象的基本方法及运用

1) ExecuteNonQuery 方法

ExecuteNonQuery 方法是在.NET Framework 2.0 中新增的。它可以使用 ExecuteNonQuery 方法执行目录操作命令(如查询自己的数据库的结构或创建表等)，也可以通过执行 Update、Insert 或 Delete 语句更改数据库中的数据。该方法执行 Update、Insert 或 Delete 命令时不返回任何行，只返回执行命令所影响到表的行数。对于其他类型的语句，返回值为−1。

下面的代码实现建立表到 SQL Server 的连接，使用 ExecuteNonQuery 运行 3 个 T.SQL 命令。第一个命令创建一张名为 TempTable 的临时表；第二个命令将插入一行到该临时表中，并且将所返回的行中受影响的参数写到控制台；第三个命令删除该临时表 TempTable。

```
SqlConnection con = new SqlConnection("Data Source =.; Initial Catalog = StudentMS;Integrated Security = True");
SqlCommand cmd = new SqlCommand();
```

```
cmd.Connection = con;
cmd.CommandType = CommandType.Text;
con.Open();
//使用 create table 语句创建一张名为 TempTable 的表
cmd.CommandText = "create table TempTable( ID    int)";
cmd.ExecuteNonQuery();
//使用 insert 语句往 TempTable 表中增加一条记录
cmd.CommandText = "Insert into TempTable(ID) values(1)";
int i = cmd.ExecuteNonQuery();
Response.Write("你向数据库中新增了" + i + "条记录！");
//使用 drop 语句删除该临时表
cmd.CommandText = "drop table TempTable";
cmd.ExecuteNonQuery();
con.Close();
```

如果使用 ExecuteNonQuery 方法执行返回结果集的 T.SQL 命令，那么它就会被忽略，并且客户端应用程序不能访问它。

2）ExecuteScalar 方法

ExecuteScalar 方法也是在.NET Framework 2.0 中新增的。ExecuteScalar 方法执行查询，返回查询结果集中的第一行第一列，所有其他的行和列将被忽略。因此，该方法主要是从数据库中检索单个值，多用于聚合值，如 Count()和 Sum()等。下面是应用聚合函数 Count 从表 student 中查询年龄小于 20 岁的人数的一个实例。

```
CommandText = "Select count(*) From student where age < 20";
Int Num = (int) ExecuteScalar();
```

下面的示例实现查询 StudentMS 数据库中 tblStudents 表中的学生总人数。

```
SqlConnection con = new SqlConnection("Data Source= .; Initial Catalog = StudentMS; Integrated Security = True");
SqlCommand cmd = new SqlCommand("Select count(*) From tblStudents",con );
con.Open();
int StuNum = (int)cmd.ExecuteScalar();
Response.Write("学生总人数为： " + StuNum.ToString ());
con.Close();
```

3）ExecuteReader 方法

如果需要使用 Command 对象来返回多行结果数据，可以使用 ExecuteReader 方法。调用这个方法返回一个 DataReader 对象，使用该对象可以从数据库中逐行读取数据库的记录。

下面的示例实现的是查询 StudentMS 数据库中 tblStudents 表中的学生的姓名和性别，并在网页上输出这些信息。

```
SqlConnection con = new SqlConnection("Data Source =.; Initial Catalog = StudentMS;Integrated Security = True");
```

```
SqlCommand cmd = new SqlCommand("Select * From tblStudents", con);
SqlDataReader dr;
con.Open();
dr = cmd.ExecuteReader();
if (dr.HasRows)
{
    while (dr.Read())
    {
        Response.Write("姓名：" + dr["Name"].ToString() + "<br>");
        Response.Write("性别：" + dr["Sex"].ToString());
    }
}
else
{
    Response.Write("对不起，没有学生记录！");
}
dr.Close();
con.Close();
```

这里主要是为了说明 SqlCommand 类 ExecuteReader 方法的使用，DataReader 对象将在 5.2.3 节详细介绍。

5.2.3　DataReader 对象及其运用

1. DataReader 对象的基本属性

DataReader 对象用来定义如何根据连接读取数据。在创建 Command 对象实例后，调用 Command 对象的 ExecuteReader() 方法来检索数据，并使用一个 DataReader 对象来接收返回的数据行。

任务 5.2.3　实现学生信息查询功能

DataReader 对象具有以下特点：

(1) DataReader 只能读取数据。不能对记录进行数据的编辑、添加和删除。

(2) DataReader 只能在记录间"向前"移动，一旦移动到"下一条"记录，就不能再回到前一条记录，除非再执行一遍所有的 SQL 查询。

(3) DataReader 不能在 IIS 内存中存储数据，数据直接在显示对象上显示。

(4) DataReader 是工作在连接模式下的，也就是应用程序在读取 DataReader 中的数据时，与数据库的连接必须处于打开状态。

下面围绕 SqlDataReader 对象来介绍 DataReader 对象，DataReader 对象在数据提供程序中的位置如图 5.1 所示。

DataReader 对象的常用属性如表 5.3 所示。

表 5.3　DataReader 对象的属性及功能说明

属性名	功　能　说　明
FieldCount	返回当前行中的列数
Item	返回当前行中特定的值
IsClosed	表明 DataReader 是否关闭
RecordsAffected	受 Insert、UpDate、Delete 命令影响的记录数。如果执行的是 Select 命令，它就会返回 −1
Depth	表明当前行的嵌套深度。最外面的表的深度是 0

2. DataReader 对象的基本方法及运用

DataReader 对象的方法有很多，这里介绍几个主要的方法。

1) Read 方法

通过调用 Read()方法，可以判断 DataReader 对象表示的是查询结果集中某一行记录。在调用 Read()方法时，如果可以使 DataReader 对象所表示的当前数据行向前移动一行，那么它将返回 True。如果读取的是查询结果集中的最后一条记录，则调用 Read()方法返回 False。

2) GetValues 方法

该方法一般用来将当前数据行的数据保存到一个数组中，可以根据应用的需求来设置数组的大小。如果要保存所有的数据，可以使用 DataReader.FieldCount 属性得到当前行中的列数，作为数组容量大小。

3) Close 方法

在每次使用完 DataReader 对象后都要用 Close 将其关闭。

3. 使用 DataReader 对象检索数据

这里以 Command 对象中的 ExecuteReader 方法应用为例，介绍 DataReader 对象检索数据的整个过程，然后介绍一些演示其工作原理的实际代码示例。

DataReader 对象的使用步骤可以概述如下：

(1) 要使用 Select 语句的结果打开 DataReader 数据流，首先必须声明连接字符串并使之与新的 SqlConnection 对象相关联。

```
SqlConnection con = new SqlConnection("Data Source =.; Initial Catalog = StudentMS;Integrated Security = True");
```

(2) 接下来创建 SqlCommand 对象，并执行 SqlCommand 对象的 ExecuteReader 方法以获得一个 DataReader。

```
SqlCommand cmd = new SqlCommand("Select * From tblStudents", con);
```

```
SqlDataReader dr;
con.Open();
dr = cmd.ExecuteReader();
```

调用 SqlCommand 对象的 ExecuteReader 方法后，就有一个到数据库的活动连接，DataReader 以独占方式使用该连接。也就是说，在 DataReader 关闭前没有其他对象可以使用该连接。

(3) 通过判断 HasRows 属性值来判断是否有数据可以读取，如果有数据可以读取，则通过 Read 方法读取数据。

```
if (dr.HasRows)                //判断 dr 中是否有查询到的记录
{
    while (dr.Read())
    {
        Response.Write("姓名： " + dr["Name "].ToString() + "<br>");
        Response.Write("性别： " + dr["Sex"].ToString());
    }
}
else
{
    Response.Write("对不起，没有学生记录！ ");
}
```

DataReader 对象的 Read 方法将检索下一条记录。首次打开 DataReader 时，其位置就在第一个记录之前，因此必须在实际从数据库获取任何数据前进行读取操作。While 循环内部的代码行只在读取到一条记录时才执行。在这种情况下，该行将 Name 列的值写入控制台窗口。

(4) 数据读取完毕后，关闭 DataReader 和数据库连接。

```
dr.Close();
con.Close();
```

在结束时确定已关闭 DataReader，这一点很关键，因为它将保持到数据库的连接直到关闭它。此外，在还需要通过 DataReader 读取数据之前，千万不能把相关的 Connection 对象关闭。

5.2.4　DataAdapter 对象及其运用

DataAdapter 对象在 ADO.NET 中具有极其重要的地位，相当于 DataSet 和数据存储之间的桥梁。在连接 SQL Server 数据库时，使用 SqlDataAdapter 及与它相关的 SqlConnection 和 OleDbCommand 对象来提高应用程序整体性能；在连接其他支持 OLE DB 的数据库(如 Access)时，使用 OleDbDataAdapter 及与它相关的 OleDbConnection 和 OleDbCommand 对象来提高应用程序整体性能。

DataAdapter 对象通过 Fill 方法将数据添加到 DataSet 中。在对数据完成添加、更新、删除操作之后再调用 Update 方法来更新数据源。下面围绕 SqlDataAdapter 对象来介绍

DataAdapter 对象。

1. 创建 DataAdapter 对象

DataAdapter 对象可以使用 DataAdapter 类的构造函数来创建。DataAdapter 类的构造函数的语法有以下两种。下面的语句实现创建一个 DataAdapter 对象，其中将一个 Command 对象和一个 Connection 对象作为构造函数的参数来使用。DataAdapter 类的构造函数第一种语法为：

　　　　SqlCommand cmd = new SqlCommand("Select * From tblStudents", con);

　　　　SqlDataAdapter da = new SqlDataAdapter(cmd, con);

尽管如此，构造函数从 Command 对象重提取的信息实际上只是 SQL 查询字符串，因此还可以提供该字符串，而不是指定一个 Command 对象。

DataAdapter 类的构造函数第二种语法为：

　　　　SqlDataAdapter da = new SqlDataAdapter("Select * From tblStudents", con);

注意：如果在创建 DataAdapter 对象时没有指定 Command 对象，系统会自动创建一个，如果需要使用它，那么可以使用 DataAdapter 对象的 SelectCommand 属性来检索它。

2. DataAdapter 对象属性

DataAdapter 对象有 4 个重要属性，可完成对数据库的查询和更新操作。

SelectCommand：用于在数据库中执行查询操作的命令。

InsertCommand：用于向数据源中添加新记录或存储过程的命令。

UpdateCommand：用于更新数据集中的记录。

DeleteCommand：用于从数据集中删除记录。

在默认情况下，当 Connection 对象执行 Open 方法的时候，DataAdapter 对象将自动调用 SelectCommand 属性。除了 SelectCommand 属性，其他的 3 个属性都需要使用 ExecuteNonQuery()方法来调用。

5.2.5　DataSet 对象及其运用

ADO.NET 数据访问技术的一个突出优点是支持离线访问，即访问数据时，不需要在应用程序和数据库之间保持已打开的数据源连接。DataSet 对象是实现离线访问技术的核心。DataSet 对象是数据的一种内存驻留表示形式，无论其包含的数据来自什么数据源，都会提供一致的关系编程模型。由于 DataSet 对象是数据库中检索到的数据在内存中的缓存，因此，ADO.NET 支持离线状态下的数据访问。

DataSet 对象由一个或多个 DataTable 对象组成，具备存储多个表以及表之间关系的能力。表存储在 DataTable 中，而表的关系则用 DataRelation 对象表示。DataTable 对象中包含了 DataRow 和 DataColumn 对象，分别存储表中行和列的数据信息。另外，DataSet 的 ExtendedProperties 属性用来存储用户自定义的一些与 DataSet 对象相关的信息。

由于 DataSet 的结构与关系型数据库类似，因此，可以像访问关系型数据库那样访问 DataSet，可以对 DataSet 进行添加、删除表的操作，或在表中执行查询、删除数据操作等。

使用 DataSet 和 DataAdapter 对象的工作原理与使用 DataReader 和 Command 对象完全不同。从数据源中读取到的数据可以被保留在内存中，并且能够进行编辑和处理，而不需要保持数据库的连接。如果只是简单地将数据源中的少数几行传送到用来显示数据的控件中，那么 DataSet 就不是最佳的选择。

DataSet 和 DataReader 对象之间的区别如表 5.4 所示。

表 5.4　DataSet 和 DataReader 对象的区别

DataSet	DataReader
可读写数据	只读
包含多个来自不同数据库的表	使用 SQL 语句从单个数据库读取数据
断开连接模式	保持连接模式
绑定到多个控件	仅绑定到一个控件
可以向前或向后定位记录，并可以跳转到指定的记录	只向前
较慢的访问速度	较快的访问速度
可以通过 VS.NET 工具可视化创建，也可以编写代码创建	手动编写代码，通过其他对象的方法来隐式创建

1. 创建 DataSet

创建 DataSet 对象最直接的方法是调用 DataSet 类的构造函数。创建的时候，用户可以自定义可选的参数作为 DataSet 的名称，也可以不指定，这时，DataSet 会使用 NewDataSet 作为其名称。此外，也可以将已存在的 DataSet 赋值给一个新的 DataSet 对象来创建 DataSet 对象。

下面的代码实现了两种 DataSet 对象的创建方式：

```
DataSet myDS = new DataSet("myDS");
DataSet myDS2 = myDS;
```

2. 填充 DataSet

创建 DataSet 之后，需要把数据导入到 DataSet 中。通常使用 DataAdapter 取出数据，然后调用 DataAdapter 的 Fill 方法，将取出的数据导入到 DataSet 中。下面的代码是填充数据到 DataSet 中的关键代码。

```
SqlDataAdapter da = new SqlDataAdapter("select * from tblStudents", con);
da.Fill(myDS, "course");
```

对于 Fill()方法的使用有许多不同的方法，常用的有以下 3 种。

(1) 在指定的 DataSet 中创建一个新的 DataTable(默认名称为"Table")。

```
//创建一个 DataAdapter 对象 da
SqlDataAdapter da = new SqlDataAdapter("Select * From tblStudents", con);
//创建一个 DataSet 对象 ds
DataSet ds = new DataSet();
//调用 DataAdapter 对象的 Fill 方法填充数据集
da.Fill(ds);
```

这样就在 DataSet 对象中创建了一个名为"Table"的 DataTable 对象，该 DataTable 具有数据源查询结果中完全相同的 DataColumns，然后填充该 DataTable 对象。

(2) 创建一个新的 DataTable 对象，并在指定的 DataSet 对象中自定义一个名称。

```
//创建一个 DataAdapter 对象 da
SqlDataAdapter da = new SqlDataAdapter("Select * From tblStudents", con);
//创建一个 DataSet 对象 ds
DataSet ds = new DataSet();
//调用 DataAdapter 对象的 Fill 方法填充数据集
da.Fill(ds, " MyTableName");
```

这样就在 DataSet 对象中创建了一个名为 MyTableName 的 DataTable 对象，该 DataTable 具有与数据源查询结果中完全相同的 DataColumns，然后填充该 DataTable 对象。

(3) 填充前面所创建的 DataTable。

```
//创建一个 DataAdapter 对象 da
SqlDataAdapter da = new SqlDataAdapter("select * from tblStudents", con);
//创建一个 DataSet 对象 ds
 DataSet ds = new DataSet();
//创建一个 DataTable 对象 dt
DataTable dt = new DataTable();
ds.Tables.Add(dt);
//调用 DataAdapter 对象的 Fill 方法填充数据集
da.Fill(ds,dt);
```

经过上述步骤后，数据就会被放置在 DataSet 对象的 DataTable 之中。如果有需要，可以使用特定代码将 DataTable 绑定到一个用来显示数据的控件上，比如 DataGrid 控件、GridView 控件等，这将在后面的章节做详细地介绍。

3. 使用 DataSet 对象读取数据

为了提高 ASP.NET 页面的影响能力，ASP.NET 提供了数据缓存技术，即使用编程的方式将包含数据的对象存储在服务器内存中，以此减少应用程序在重新创建这些对象时所需要的时间。

下面的实例是把学生信息表中的记录显示到页面上，实现了在页面首次加载时将数据缓存到 DataSet 中，以后的使用可以直接从 DataSet 中获取，无须重新访问数据库。

```
SqlConnection con = new SqlConnection("Data Source =.; Initial Catalog = StudentMS;Integrated Security = True");
//创建一个 DataAdapter 对象 da
SqlDataAdapter da = new SqlDataAdapter("Select * From tblStudents", con);
//创建一个 DataSet 对象 ds
DataSet ds = new DataSet();
//创建一个 DataTable 对象 dt
DataTable dt = new DataTable();
```

```
ds.Tables.Add(dt);
//调用 DataAdapter 对象的 Fill 方法填充数据集
da.Fill(ds, dt);
con.Open();
//绑定到 GridView 控件
GridView1.DataSource = ds.Tables["dt"];
GridView1.DataBind();
dr.Close();
con.Close();
```

5.2.6　DataTable 对象

DataTable 对象用于表示内存中的数据库表，既可以独立创建和使用，也可以被其他对象创建和使用。在通常情况下，DataTable 对象都作为 DataSet 对象的成员存在，可以通过 DataSet 对象的 Tables 属性来访问 DataSet 对象中的 DataTable 对象。

DataTable 包含 DataColumn 对象、DataRow 对象和用来创建表之间父子关系的 DataRelation 对象。一个 DataColumn 对象表示一个列，每个 DataColumn 对象都有一个 DataType 属性，表示该列的数据类型。一个 DataRow 对象表示 DataTable 对象中的一行数据。DataTable 有两个比较重要的属性，分别为行状态(RowState)和行版本(DataRowVersion)，通过这两个属性能够有效地管理表中的行。DataRelation 对象用来表示 DataTable 对象之间的关系，它返回某特定行的相关子行或父行。

下面介绍 DataTable 对象的创建，以及如何在 DataTable 中添加行、列和定义 DataTable 之间的关系。

1.　创建 DataTable 对象

创建 DataTable 有如下 3 种方法：

(1) 通过 Datatable 类的构造函数来创建，在构造函数中可以指定其名称，例如：

```
DataTable studentTable = new DataTable( " student ");
```

(2) 通过 DataSet 对象的 Tables 属性的 Add 方法来创建，例如：

```
ds.Tables.Add(dt);
```

(3) 通过 DataAdapter 对象的 Fill 方法或 FillSchema 方法在 DataSet 对象内创建，例如：

```
da.Fill(objDataSet, objDataTable);
```

2.　在 DataTable 中添加列

DataTable 对象中有一个 Columns 属性，是 DataColumn 对象的集合，每个 DataColumn 对象表示表中的一个列。因此，要添加一个列，就需要创建一个 DataColumn 对象。

可以使用 DataColumn 类的构造函数来创建一个 DataColumn 对象，也可以通过调用 DataTable 的 Columns 属性的 Add 方法实现在 DataTable 内创建 DataColumn 对象。通常，Add 方法带有两个输入参数，分别是列名(ColumnName)和列的类型(DataType)。

下面的代码用来创建 DataColumn 对象。创建的过程是：先创建一个 DataTable 对象，然后再在 DataTable 中添加一个列，并给这个列的类型、列名、默认值等属性赋值。

```
DataTable studentTable = new DataTable("student");
//创建一个 DataColumn 对象，并对其属性赋值
DataColumn sname = new DataColumn();
sname.DataType = System.Type.GetType("System.String");
sname.Caption = "姓名";
sname.ColumnName = "s_name";
```

下面的代码是使用 Add 方法为 DataTable 添加列。

```
DataTable studentTable = new DataTable("student");
studentTable.Columns.Add("s_ID", typeof(Int32));
studentTable.Columns.Add("s_name", typeof(String));
```

3. 设置 DataTable 的主键

主键用来唯一标识表中的每一行记录，主键可能是一个列或几个列的组合。

通过设置 DataTable 对象的 PrimaryKey 属性可以设置 DataTable 的主键。下面是设置 DataTable 主键的实例代码。

```
DataTable gradeTable = new DataTable("grade");
DataColumn StuID = new DataColumn();
DataColumn[] theKey = new DataColumn[2];
StuID = gradeTable.Columns["s_ID"];
gradeTable.PrimaryKey = theKey;
```

4. 在 DataTable 中添加行

为表添加新行，即创建 DataRow 对象，可以调用 DataTable 对象的 NewRow 方法实现。创建的 DataRow 对象与表具有相同的结构，同时使用 Add 方法可以将新的 DataRow 对象添加到表的 DataRow 对象集合中。

5. 定义 DataTable 之间的关系

在 DataTable 之间定义关系就是创建一个 DataRelation 对象，使一个表与另一个表相关。DataRelation 对象关键的参数是 DataRelation 名称和在两个表之间引起相关的列(DataColumn)。

6. 把 DataTable 添加 DataSet 中

将其一个 DataTable 添加到 DataSet 中，假设已经创建一个名为 ds 的 DataSet 对象和一个名为 dt 的 DataTable 对象，将 DataTable 添加到 DataSet 中的代码如下：

```
ds.Tables.Add(dt);
```

5.2.7　DataView 对象及其运用

DataView 对象可以创建 DataTable 中所有存储数据的视图，与关系数据库提供的视图相似。DataView 提供了数据的动态视图，可以实现对表中数据进行筛选、排序的功能，因

此 DataView 是数据绑定应用程序的理想选择。

1. DataView 对象的属性

DataView 对象支持下面 3 个非常重要的属性。

(1) Sort：用于对 DataView 所表示的数据行进行排序。

使用排序表达式来设置 DataView 对象的 Sort 属性，排序表达式可以包括 DataColumn 对象或者一个算式。如果需要根据多个列进行排序，那么按照排序的先后顺序输入各个列名，并用逗号隔开要排序的各列。还可以在各个列名的后面加上 "ASC" 或 "DESC" 标志，以指明列中的数据时按照升序还是降序排列。例如：

```
//设置视图 dv 按学号的降序排列显示
dv.Sort = "StudentID    Desc";
```

或者

```
//设置视图 dv 按学号的降序排列，同时按姓名的升序排列显示
dv.Sort = "StudentID    Desc, Name    Asc";
```

(2) RowFilter：用于对 DataView 所表示的数据行进行过滤。

对 DataView 对象中的数据进行排序的同时，还可以在显示数据之前使用 RowFilter 属性来筛选数据。完整的筛选表达式必须要用双引号括住，并且任何文本内容都要用单引号括住。例如：

```
dv.RowFilter = "City = '杭州' ";
dv.RowFilter = "Sex = '女' ";
```

(3) RowStateFliter：用于对 DataView 所表示的数据行依照状态进行排序，如 OriginalRows CurrentRows 和 Unchanged。

2. 创建 DataView 对象

创建 DataView 对象最简单的方式是使用 DataTable 类公开的 DefaultView 属性。创建方式如下：

```
DataView myDataView = myTable.DefaultView;
```

DefaultView 属性返回 DataTable 对象的是一个未排序、未过滤的数据视图。

也可以使用 DataView 类的结构函数，并通过传递一个 DataTable 对象、一个过滤条件、一个排序条件和一个 DatatViewRowState 过滤条件，来直接实例化一个新的 DataView 对象。

创建 DataView 对象的代码如下：

```
DataView stuDataView = new DataView(myTable，"s_age>20", "ID ABC",
DataViewRowState.CurrentRows);
```

上面的语句将会从表示学生信息的 DataTable 对象上创建一个新的 DataView 对象，其中的数据将被过滤为只含年龄大于 20 岁的学生，同时数据记录将按照学号升序排列实际的数据行，还是存在于 DataTable 中，未显示的数据行并没有从 DataView 中删除。

3. 使用 DataView 修改数据

开发人员可以使用 DataView 在其对应的基础表中添加、修改和删除数据行。DataView

有 3 个属性分别控制着是否允许添加、修改和删除数据行，它们分别为 AllowNew、AllowEdit 和 AllowDelete。如果 AllowNew 属性为 True，那么可以使用 DataView 的 AddView 方式在 DataView 中创建新的数据行，如果再调用 DataRowView 的 EndEdit 方法，那么新的数据行 就会添加到 DataView 对应的基础表 DataTable 中，否则新的数据行就只存在于 DataView 中，并不影响基础表；如果 AllowEdit 属性为 True，那么可以通过 DataRowView 来修改 DataView 中数据行的内容，也可以使用 DataRowView 的 EndEdit 方法确认对基础表中数据行的更改，也可以使用 DatRowView 的 CancelEdit 方法拒绝该修改。

如果 AllowDelete 属性为 True 则可以使用 DataView 或者 DataRowView 对象的 Delete 方法删除 DataView 中的数据行，再通过调用 AcceptChanges 或 RejectChanges 来提交或拒绝删除操作。

4. 使用 DataView 对象实现数据排序

下面的实例是实现查询 StudentMS 数据库中 tblStudents 表中所有女生的信息，并按学号的降序排列的功能。

```
SqlConnection con = new SqlConnection("Data Source =.; Initial Catalog=StudentMS; Integrated Security = True");
//创建一个 DataAdapter 对象 da
SqlDataAdapter da = new SqlDataAdapter("Select * From tblStudents", con);
//创建一个 DataSet 对象 ds
DataSet ds = new DataSet();
//创建一个 DataTable 对象 dt
DataTable dt = new DataTable();
ds.Tables.Add(dt);
//调用 DataAdapter 对象的 Fill 方法填充数据集
da.Fill(ds, dt);
//创建 DataView 对象 dv
DataView dv = new DataView();
dv.Table = ds.Tables["dt"];
//设置筛选条件是性别为女生
dv.RowFilter = "Sex = '女'";
//设置视图按学号的降序排列
dv.Sort = "StudentID   Desc";
con.Open();
//绑定到 GridView 控件
GridView1.DataSource = ds.Tables["dt"];
GridView1.DataBind();
dr.Close();
con.Close();
```

任务 5.3　常见的数据库操作

(1) 掌握创建数据库连接方法。

(2) 掌握读取数据库记录方法。

(3) 掌握添加数据库记录方法。

(4) 掌握更新数据库记录方法。

(5) 掌握删除数据库记录方法。

(6) 了解调用存储过程。

5.3.1　创建数据库连接

建立数据库连接是数据库操作中最基本的操作，在 ADO.NET 中可以使用 Connection 对象来实现。根据数据源的不同，要使用不同的 Connection 对象。对于 Microsoft SQL Server 7.0 版或更高版本，推荐使用 SQL Server.NET FrameWork 提供程序的 SqlConnection 对象；对于 Microsoft SQL Server 6.X 或更早的版本，推荐使用 OLEDB.NET FrameWork 程序提供的 OLEDBConnection 对象；若连接 ODBC 数据源，则推荐使用 ODBC.NET FrameWork 程序提供的 ODBCConnection 对象；若连接到 Oracle 数据库，可以使用 Oracle.NET FrameWork 程序提供的 OracleConnection 对象。

1. 连接 SQL Server 数据源

连接 SQL Server 数据源的代码如下：

```
sqlConnection Conn = new SqlConnerction("Data source = localhost;
Integrated Security = SSPI; Initial Catalog = student");
Conn.Open();
```

2. 连接 OLE DB 数据源

连接 OLE DB 数据源的代码如下：

```
oleDbConnection Conn = new OleDbConnection("Provider = SQLOLEDB;Data
Source = localhost; Integrated Security = SSPI; Initial Catalog = student");
Conn.Open();
```

3. 连接 ODBC 数据源

链接 ODBC 数据源的代码如下：

```
odbcConnection Conn = new OdbcConnection("Driver = {SQL Server};
server = (local); Trusted_Connection = Yes; Database = student");
Conn.Open();
```

4. 连接 Oracle 数据源

连接 Oracle 数据库的代码如下：

```
OracleConnection Conn = new OracleConnection("Data Source = localhost; Integrated Security = yes")
Conn.Open();
```

注意：连接数据库完成相应操作后，必须关闭数据库，否则会使应用程序不稳定。关闭数据库连接可以使用 Connection 对象的 Close 或 Dispose 方法来实现。对于上面的数据库连接，关闭数据库连接的代码如下：

```
Conn.Open();
```

或

```
Conn.Dispose();
```

5.3.2　读取数据库记录

从数据库查询数据一般有两种方式：第一种是通过 DataReader 对象直接访问；第二种是通过 DataSet 对象和 DataAdapter 对象来访问。

使用 ADO.NET 的 DataReader 对象可以从数据库中检索数据，检索出来的数据形成一个只读数据流，并存储在客户端的网络缓冲区中。DataReader 对象的 Read()方法可以使当前数据行向前移动一步。在默认情况下，Read()方法一次只在内存中存储一行，因此对系统的开销很小。

任务 5.3.2　学生信息读取

读取数据库记录的示例在前面章节中已经介绍得比较多了，这里就不再详细介绍了。

5.3.3　添加数据库记录

1. SQL Insert 语句

SQL Server 中使用 Insert 语句向数据库表中写入信息。Insert 语句的语法如下：

Insert　Into　数据表(字段 1，字段 2，……) Values(值 1，值 2，……)

例如，往学生信息表(tblStudents)中录入一个新生的个人信息，使用下面的语句：

任务 5.3.3　学生信息添加

```
insert into tblStudents (StudentID, Name, Sex, Class, City)
values('20110101', '张三', '女', '11 软件', '杭州')
```

注意：字段名称列表是可选的，如果没有指定添加字段列表，则表示指定全部字段，在这种情况下必须在 Values 子句中为所有字段指定值。另外，Values 子句所提供的数据值必须与字段名称列表一一对应，数据值的数目必须与字段名称列数相同，每个数据值的数据类型、精度和小数位数也必须与相应的字段匹配。

2. 主键与外键

无论何时将新记录插入数据库，都应当考虑数据表的主键和外键约束问题。

数据表中主键是唯一的。任何试图插入一条现有记录副本的操作都会产生错误。因此，当插入新记录时，必须确保提供的记录具有合法性，并且有唯一的主键。为了确保向数据表插入不重复的主键记录，一个很好的解决办法是将主键定义为"自动递增"字段。当主键字段不包含有意义的数据时，这种办法是有效的。在某些情况下，主键字段包含有意义的数据，如本书实验案例中 tblStudents 表的 StudentID 字段包含学生的"学号"信息。这时就不能将该字段设置为"自动递增"，相应地，在 Insert 语句中就必须包含该主键字段，否则将会产生一个错误。

外键指的是表 A 中的某一字段，在该表中不是主键，或是作为主键字段集合的一部分，但该字段在表 B 中是主键，那么这个字段在表 A 中称为外键。

3. 强制性字段

向数据库插入记录还涉及强制性字段的问题，即用户必须向数据库的列提供值，在 SQL Server 中称之为"必填字段"。主键字段通常是强制性的，但是其他的字段也可以是强制性的。在本书的实验案例数据库中，tblStudents 表的 StudentID 字段是主键，不允许其值为空，但同时也将 Name 字段设置为强制性字段，即所有的学生记录必须输入姓名。如图 5.5 所示，"允许空"列中有无复选标记表明该字段是否为强制性的，值不允许为空的字段是强制性字段。

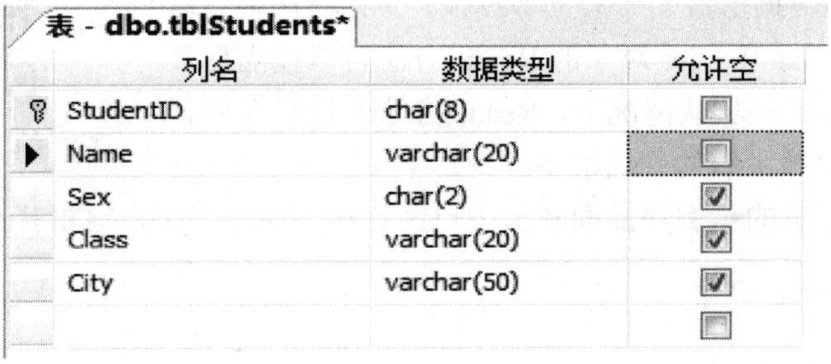

表 - dbo.tblStudents*		
列名	数据类型	允许空
🔑 StudentID	char(8)	☐
▶ Name	varchar(20)	☐
Sex	char(2)	☑
Class	varchar(20)	☑
City	varchar(50)	☑
		☐

图 5.5　"允许空"列中的复选标记

很明显，当用户以编程方式在表中添加记录时，必须确保所有的强制性字段赋值，除非该字段的值是自动生成的。

4. 使用 Command 对象添加数据库记录

前面介绍了一些使用基本 SQL 命令插入新记录的知识，还了解了处理记录时的一些约束规则。现在可以编写使用 ADO.NET 的 Command 对象将新记录插入数据库的代码了。

使用 Command 对象创建和调用 SQL Insert 命令主要有五个步骤：第一步，打开到数据库的连接；第二步，创建新的 Command 对象；第三步，定义 SQL 命令；第四步，执行 SQL 命令；第五步，关闭数据库连接。

下面的实例使用 Connection 对象和 Command 对象实现向 StudentMS 数据库的 tblStudents 表中增加新的学生记录。

```
SqlConnection con = new SqlConnection("Data Source =.; Initial Catalog = StudentMS; Integrated Security = True");

SqlCommand cmd = new SqlCommand("insert into tblStudents (StudentID, Name, Sex, Class, City) values('20110101', '张三', '女', '11 软件', '杭州')", con );
```

```
try
{
    con.Open();
    int num = (int)cmd.ExecuteNonQuery();
    Response.Write("成功插入了： " + num.toString() + "条记录！ ");
}
catch(Exception ex )
{
    Response.Write(ex.Message );
}
finally
{
    con.Close();
}
```

程序说明：

(1) 当浏览页面时，如果要插入的记录违反了主键约束，那么页面上将出现"违反了 Primary Key 约束'PK_tblStudents',不能在对象 'dbo.tblStudents' 中插入重复键。语句已终止。"的提示信息。

(2) 如果成功插入记录，则页面上将出现"成功插入了**条记录"。

(3) 这个例子和前几小节介绍的 Command 对象的用法相类似。程序的关键是调用 Command 对象的 ExecuteNonQuery 方法，ExecuteNonQuery 方法执行不返回记录的 SQL 语句，并且返回该 SQL 语句影响的行数。

(4) 由于 Command 对象需要一个打开的可用连接，所以在调用 ExecuteNonQuery 方法之前程序必须显示打开数据库连接。

打开连接和执行 SQL 语句是很容易出错的地方，所以把这两句代码包装在一个"try…catch…finally"代码块中，通过 catch 子句来获取和显示错误信息。最后，无论是否能够正常执行 SQL 语句，都必须关闭数据库连接，从而释放服务器的资源。

5. 使用 ASP.NET 数据验证控件验证数据的合法性

前面的例子说明了如何简单地通过将 SQL 的 Insert 语句写入到代码中，将新记录插入数据库。在实际应用中，常常需要在页面的表单中输入信息，并将这些值插入到数据库中。

只要允许用户在表单中输入数据，就会增加将错误引入数据库的危险性。例如：某字段是强制性字段，但是用户没有为该字段在表单中输入数据；某字段的数据类型是数值型，但是用户为该字段在表单中输入了一个字符串；……诸如此类，都将引发错误。

解决这类问题的方法是使用 ASP.NET 数据验证控件对表单中的输入控件进行检查，以验证数据的合法性。有关数据验证控件的介绍，请参见本书第 4 章的相关内容。

在下面的示例中，将创建一个能够将记录添加到 StudentMS 数据库的 tblStudents 表中的 ASP.NET 页面。因为 tblStudents 表中有两个强制性字段，所以页面上需要使用 RequiredFieldValidator 控件。

(1) 新建 Web 窗体，按照图 5.6 所示创建用户界面，并设置 RequiredFieldValidator 控件的 ControlToValidate 属性和 ErrorMessage 属性。

学号：	▣	学号是必填字段！
姓名：	▣	姓名是必填字段！
性别：	男 ▼	
班级：	11软件 ▼	
城市：	杭州 ▼	
▣　　　插入记录		

图 5.6　页面设计效果图

(2) 向"插入记录"按钮 btnInsert 添加 btnInsert_Click 事件过程，程序清单如下：

```
if (Page.IsValid)
{
    SqlConnection con = new SqlConnection("Data Source =.; Initial Catalog = StudentMS; Integrated Security = True");
    string strSQL = "insert into tblStudents(StudentID, Name, Sex, Class, City)    values(@ID, @Name, @Sex, @Class, @City)";
    SqlCommand cmd = new SqlCommand(strSQL, con );
    cmd.Parameters.Add("@ID", SqlDbType.Char, 8);
    cmd.Parameters["@ID"].Value = txtID.Text;
    cmd.Parameters.Add("@Name", SqlDbType.VarChar, 20);
    cmd.Parameters["@Name"].Value = txtName.Text;
    cmd.Parameters.Add("@Sex", SqlDbType.Char, 2);
    cmd.Parameters["@Sex"].Value = DropSex.Text;
    cmd.Parameters.Add("@Class", SqlDbType.VarChar, 20);
    cmd.Parameters["@Class"].Value = DropClass.Text;
    cmd.Parameters.Add("@City", SqlDbType.VarChar, 50);
    cmd.Parameters["@City"].Value = DropCity.Text;
    try
    {
        con.Open();
        int i = (int)cmd.ExecuteNonQuery();
        Response.Write("成功添加了：" + i.ToString() + " 条记录");
    }
    catch (Exception ex)
    {
        Response.Write(ex.Message);
    }
```

```
            finally
            {
                con.Close();
            }
        }
```

程序说明：

① 该示例通过使用参数对象而不是字符串来接收用户输入，是确保数据库安全的最佳做法。此外还通过添加服务器端输入验证来阻止格式错误或用意不良的输入。

② 当用户在窗体中单击"插入记录"按钮时，程序使用 Page 类的 IsValid 属性来检索页面上所有控件的验证状态的结果。如果所有的验证控件都处于有效状态，属性将返回 True 值。

③ 只要该页进行了有效的验证，就可以获取输入控件的值并将这些值插入到数据库中。使用 Command 对象来执行 Insert 命令，在本示例中代码的 Insert 语句使用了不同的语法。

```
string strSQL = "insert into tblStudents(StudentID, Name, Sex, Class, City)  values(@ID, @Name, @Sex, @Class, @City)";
```

在 Values 关键字后面的括号内，并没有直接指定要插入到数据库中的值，而是使用了一系列的占位符：@ID、@Name、@Sex、@Class、@City。SQL Server.NET 数据提供程序支持使用"@XXX"形式命名的占位符，向 Command 对象调用的 SQL 语句或存储过程传递参数(Parameters)。使用参数至少可以得到两个好处：

◆ 更容易编写和管理代码。

◆ 不必担心在 SQL 字符串中由于引号的嵌套问题导致 SQL 语法错误。

(3) 为了将数值通过参数传递给 Insert 命令，必须使用 Command 对象的 Parameters 属性。此属性包含了 Command 对象当前调用 SQL 命令的参数集合。通过 Parameters 集合的 Add 方法，将 Insert 命令中每一个占位符作为参数添加到 Parameters 集合中，同时在 Add 方法中指定该参数的数据类型(对于字符类型，指定最大长度)。

```
cmd.Parameters.Add("@ID", SqlDbType.Char, 8);
cmd.Parameters.Add("@Name", SqlDbType.VarChar, 20);
```

(4) 通过占位符名称来引用 Parameters 集合中的参数，为每一个参数的 Value 属性赋值，以指明将哪一个输入控件的值传递给 Insert 命令的参数值。

```
cmd.Parameters["@ID"].Value = txtID.Text;
cmd.Parameters["@Name"].Value = txtName.Text;
```

(5) 使用 Command 对象的 ExecuteNonQuery 方法执行 Insert 语句。

5.3.4　更新数据库记录

1. SQL Update 语句

SQL 中使用 Update 语句可以修改指定表中满足某些条件的记录。Update 语句的语法如下：

任务 5.3.4　学生信息更新

Update　数据表名 Set 字段 1 = 值 1, 字段 2 = 值 2, ……Where 条件表达式

例如，要在学生信息表(tblStudents)中更新某学生的个人信息，使用下面的语句：

　　　　Update　tblStudents　SET　Name = '李四'　WHERE　StudentID = '20110101'

注意：Where 子句是可选的，如果没有指定条件表达式，将更新表中的全部记录。此外，也可以将字段值更新为 DEFAULT(字段默认值)或者 NULL(空值)。

2. 使用 Command 对象更新数据库记录

使用 Command 对象更新数据库的步骤主要有五步：第一步，创建数据库连接；第二步，创建 Command 对象，并为其指定一条 SET Update 命令和一个数据库连接；第三步，打开数据库连接；第四步，调用 Command 对象的 ExecuteNonQuery 方法执行 Update 语句；第五步，关闭数据库连接。

下面的实例将实现更新 tblStudents 表中学号为"20110101"的学生记录。

(1) 新建窗体。按照图 5.7 所示创建用户界面，并设置控件的相应属性。

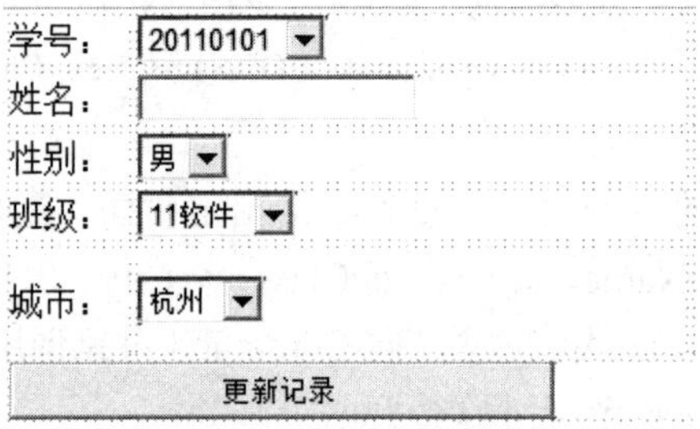

学号：　20110101

姓名：

性别：　男

班级：　11软件

城市：　杭州

更新记录

图 5.7　页面设计效果图

(2) 向"更新记录"按钮 btnUpdate 添加 btnUpdate_Click 事件过程，程序清单如下：

```
{
    SqlConnection con = new SqlConnection("Data Source =.; Initial Catalog = StudentMS; Integrated Security = True");
    string strSQL = "update tblStudents set Name = ' " + txtName.Text + " ', Sex = ' " + DropSex.Text + " ', Class = " + DropClass.Text + " ', City = ' " + DropCity.Text + " ' where StudentID = '20110101' ";
    SqlCommand cmd = new SqlCommand(strSQL, con );
    try
    {
        con.Open();
        int i = (int)cmd.ExecuteNonQuery();
        Response.Write("成功更新了： " + i.ToString() + " 条记录");
    }
    catch (Exception ex)
    {
        Response.Write(ex.Message);
    }
    finally
```

```
        {
            con.Close();
        }
    }
```

程序说明：

上述程序代码中，要注意 SQL 字符串中引号的使用。读者可以参考添加记录使用参数化 SQL 语句的方式来改写，请读者自行练习。

3. 使用 GridView 控件编辑和更新记录

本书在介绍 DataAdapter 的时候，介绍了如何向数据库中的表中载入记录，并把这些记录显示在 GridView 控件中。其实，使用 GridView 控件还可以直接对记录进行编辑和更新。

在 GridView 控件的按钮列中有一种"编辑、更新、取消"的类型，能够在 GridView 控件中显示对行的编辑命令，包括编辑、更新、取消按钮等。这 3 个按钮分别触发 GridView 控件的 RowEditing、RowUpdating、RowCancelingEdit 事件，从而可以完成对指定项的编辑、更新和取消编辑的功能。

下面的示例从 StudentMS 数据库的 tblStudents 表中载入所有学生记录，并把这些记录显示在一个 ASP.NET 页面上的 GridView 控件中。该 GridView 控件被设置为可以直接对记录进行编辑和更新。其操作步骤如下：

(1) 新建一个 Web 窗体，取名为 GridViewEdit.aspx。

(2) 向此 Web 窗体中添加一个 GridView 控件，采用默认属性 ID 值为 GridView1，设置其 DataKeyNames 属性为 StudentID。

(3) 在窗体上用鼠标右键单击控件 GridView1，在快捷菜单中选择"编辑列"菜单项，此时弹出如图 5.8 所示的"编辑列"属性对话框。对话框左上方列出了在当前 GridView 中所有可用的字段，当前 GridView 使用的字段都是 BoundField。BoundField 仅仅显示相应数据源控件中特定列的值，而其他类型的字段支持其他的功能。

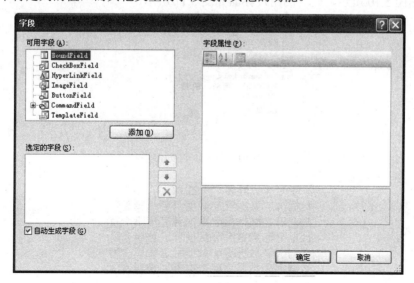

图 5.8 "编辑列"属性对话框

(4) 勾选图 5.8 左下角的"自动生成字段"复选框；向"选定的字段"列表框中添加 3 个"绑定列"，如图 5.9 所示。

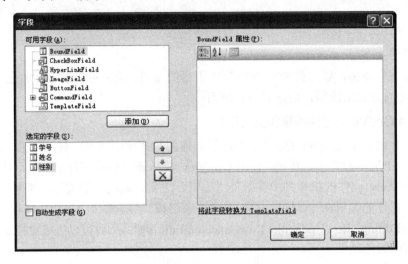

图 5.9　设计绑定列效果图

(5) 按照表 5.5 设置这 3 个列的属性。

表 5.5　"绑定列"属性设置

序号	设置的属性及值
1	HeaderText:学号；　　DataField:StudentID
2	HeaderText:姓名；　　DataField:Name
3	HeaderText:性别；　　DataField:Sex

(6) 在 CommandField 列中，将一个"编辑、更新、取消"列添加到"可用字段"列表中，效果如图 5.10 所示，此时的用户界面如图 5.11 所示。

图 5.10　添加命令按钮列

学号	姓名	性别		
数据绑定	数据绑定	数据绑定	编辑	删除
数据绑定	数据绑定	数据绑定	编辑	删除
数据绑定	数据绑定	数据绑定	编辑	删除
数据绑定	数据绑定	数据绑定	编辑	删除
数据绑定	数据绑定	数据绑定	编辑	删除

图 5.11　GridView 设计完后的效果图

(7) 创建自定义过程 BindGrid()，它的功能是使用数据适配器从数据库中载入记录，并将这些记录显示在 GridView 控件中。程序清单如下：

```
private void BindGrid()
{
    SqlConnection con = new SqlConnection("Data Source =.; Initial Catalog = yf; Integrated Security = True");
    SqlDataAdapter da = new SqlDataAdapter("Select * From student ", con);
    DataSet ds = new DataSet();
    DataView dv = new DataView();
    con.Open();
    da.Fill(ds, "stu");
    GridView1.DataSource = ds;
    GridView1.DataBind();
    con.Close();
}
```

(8) 在 Page_Load()事件处理程序中，调用 BindGrid()过程显示记录。

```
protected void Page_Load(object sender, EventArgs e)
{
    if (!Page.IsPostBack)
    {
        bindgrid();
    }
}
```

(9) 向 GridView1 添加 RowEditing 事件代码，程序清单如下：

```
protected void GridView1_RowEditing(object sender, GridViewEditEventArgs e)
{
    GridView1.EditIndex = e.NewEditIndex;
    bindgrid();
}
```

程序说明：

① 为了允许对行进行编辑，GridView 支持整型 EditIndex 属性，该属性指示表格的哪一行是可以编辑的。设置了该属性后，按该索引将行呈现为文本输入，而不是简单的标签。该属性值为 −1 指示没有行是可编辑的。

② 当用户单击"编辑"按钮时，ASP.NET 会将相应的记录行添加到 GridViewEdit-EventArgs 对象中。在上述程序清单中，事件处理程序以 RowEditing 事件参数的形式得到一个 GridViewEditEventArgs 对象。该对象可以通过参数名 e 来引用，这样就可以通过 e.NewEditIndex 来检索记录行。

③ 在获取了用户选择的行索引并设置给 EditIndex 属性之后，GridView 按该索引将行

呈现为文本输入框。需要注意的是，需要重新绑定 GridView 以使更改生效，因此必须重新调用 BindGrid()过程以重新绑定 GridView。

④ 现在用户可以改变处于编辑模式的记录行的值，并且可以单击"更新"或者"取消"按钮。这两个按钮会引发 RowUpdating 和 RowCancelingEdit 事件，因此程序还需要为这两个事件定义处理程序。

(10) 向控件 GridView1 添加 RowCancelingEdit 事件代码，程序清单如下：

```
protected void GridView1_RowCancelingEdit(object sender, GridViewCancelEditEventArgs e)
{
    GridView1.EditIndex = -1;
    bindgrid();
}
```

程序说明：

该事件过程需要实现的是废除已经做出的修改，并使用从数据库中载入的记录重新显示表格。通过将 EditIndex 属性设置为 −1，ASP.NET 使 GridView 的行再次以标签的形式呈现在窗体上，而不是呈现为文本输入框。随后，必须重新调用 BindGrid()过程重新绑定 GridView 以使更改生效。

(11) 向 GridView1 添加 RowUpdating 事件代码，程序清单如下：

```
protected void GridView1_RowUpdating(object sender, GridViewUpdateEventArgs e)
{
    SqlConnection con = new SqlConnection("Data Source =.; Initial Catalog = yf; Integrated Security = True");
    con.Open();
    string str = "update student set studentName = @name, class = @cl where studentid=@oldid";
    SqlCommand cmd = new SqlCommand(str, con );
    cmd.Parameters.Add("@oldid", SqlDbType.Char, 10);
    cmd.Parameters["@oldid"].Value = GridView1.DataKeys[e.RowIndex].ToString();
    cmd.Parameters.Add("@name", SqlDbType.Char, 10);
    cmd.Parameters["@name"].Value = ((TextBox)GridView1.Rows [e.RowIndex].Cells[1]. Controls[0]).Text;
    cmd.Parameters.Add("@cl", SqlDbType.Char, 10);
    cmd.Parameters["@cl"].Value = ((TextBox)GridView1.Rows[e.RowIndex].Cells[2]. Controls[0]).Text;
    cmd.Parameters.Add("@id", SqlDbType.Char, 10);
    cmd.Parameters["@id"].Value = ((TextBox)GridView1.Rows[e.RowIndex].Cells[0]. Controls[0]).Text;
    cmd.Parameters.Add(new  SqlParameter("@id",  ((TextBox)GridView1.Rows[e.RowIndex]. Cells[0]. Controls[0]).Text));
    cmd.ExecuteNonQuery ();
    con.Close ();
    GridView1.EditIndex = -1;
```

```
        bindgrid();

    }
```

程序说明：

要更新记录，程序需要判断出已经修改了哪条记录和哪些字段。为了完成该任务，RowIndex 属性还能够返回已经被修改的记录行。它的 Cells 属性会返回一个单元格集合，于是就可以通过这个单元格的索引值，在 Cells 集合中找到这个单元格。只要找到了单元格，就可以从它的 Text 属性中提取出它的值。

然而实际情况可能还要复杂些，因为当字段被编辑的时候，它在单元格表现为一个 TextBox 控件。为了得到修改后字段的值，还需要通过查看单元格的 Controls 属性来找到单元格中的 TextBox 控件。由于该控件是自动创建的，所以只能通过索引来引用它。

简而言之，代码 Rows[e.RowIndex].Cells[0].Controls[0]可以理解为被修改的记录行中第 1 个单元格里面的第 1 个控件。索引值是从 0 开始的，索引值为 0 表示第 1 个。

执行更新查询要求知道希望更新的行的数据库中的主键。在本例的 Update 语句中，还应该通过参数"@oldid"指明需要更新的记录行的主键值是什么。参数"@oldid"的值不能简单地通过文本输入框中的"学号"来获得，因为文本输入框中的"学号"字段有可能已经被用户修改，不能够通过修改后的值来匹配数据库中的原记录。

为支持此要求，GridView 公开一个可以设置为主键字段名的 DataKeyNames 属性。该属性可以给 GridView 控件设置一个主键字段，这样就可以用 GridView 存储主键字段，而与 GridView 的显示无关。

通过 DataKeys 集合可以按索引访问 GridView 中每条记录的主键值，此集合自动用 DataKeyNames 属性指定的字段中的值填充。本例中通过 GridView1.DataKeys[e.RowIndex] 语句来获取用户选择的记录行的主键字段的值。

更新数据库成功后，一般来说要退出编辑模式，然后重新显示数据，实现代码如下：

```
        GridView1.EditIndex = -1;

        BindGrid();
```

本例还存在一个问题：当行可编辑时，主键字段(StudentID)呈现为文本输入框，也许开发人员并不希望客户端更改该值，因为需要它来确定更新数据库中的哪一行。可以通过精确指定每一列相对于可编辑行的外观，禁止将此列呈现为文本框。为此，可以在图 5.9 所示的属性对话框设置中，勾选 StudentID 列的"只读"复选框。这样当行处于编辑模式时，StudentID 列将继续呈现为标签。

5.3.5 删除数据库记录

1. QL Delete 语句

SQL 中使用 Delete 语句来删除一条或者多条现有的记录，每次只能够对一个表进行删除操作。

Delete 语句的语法为：

任务 5.3.5 学生信息删除

```
    Delete  From 数据表名 Where 条件表达式
```

例如，要在学生信息表(tblStudents)中删除某学生的个人信息，可使用下面的语句：

Delete From tblStudents　　Where StudentID = '20110101'

注意：Where 子句是可选的，如果没有指定条件表达式，将删除表中的全部记录，因此在执行 Delete 语句前一定要设置好删除的条件。

2. 使用 Command 对象删除数据库记录

使用 Command 对象删除记录的操作步骤，与使用该对象来更新记录的步骤几乎是相同的。其主要有五个步骤：

第一步，创建数据库连接；

第二步，创建 Command 对象，并为其指定一条 SET Delete 命令和一个数据库连接；

第三步，打开数据库连接；

第四步，调用 Command 对象的 ExecuteNonQuery 方法执行 Delete 语句；

第五步，关闭数据库连接。

下面的示例，将编写代码实现简单的删除记录功能。

```
SqlConnection con = new SqlConnection("Data Source =.; Initial Catalog = StudentMS; Integrated Security = True");
string strSQL = " Delete From tblStudents where StudentID = '20110101';
    SqlCommand cmd = new SqlCommand(strSQL, con );
    try
    {
        con.Open();
        int i = (int)cmd.ExecuteNonQuery();
        Response.Write("成功删除了：" + i.ToString() + " 条记录");
    }
    catch (Exception ex)
    {
        Response.Write(ex.Message);
    }
    finally
    {
        con.Close();
    }
}
```

3. 使用 GridView 控件删除数据库记录

使用 GridView 控件删除记录的方法与使用 GridView 控件编辑和更新记录的方法非常类似，但需要一种方法来确定具体要删除表格中的哪一行。

GridView 控件的按钮列中有一种"删除"的类型，能够在 GridView 控件中显示对行的删除命令。该按钮将触发 GridView 控件的 RowDeleting 事件，并从那里执行删除操作。删除的时候，仍然可以使用 DataKeys 集合确定客户端选择的行。

下面实例实现删除学生信息表中记录的功能，主要实施步骤如下：

(1) 向页面中的 GridView 控件添加一个按钮列，该按钮列的类型为"删除"。

(2) 为 GridView 控件添加 RowDeleting 事件处理程序，程序清单如下：

```
protected void GridView1_RowDeleting(object sender, GridViewDeleteEventArgs e)
{
    SqlConnection con = new SqlConnection("Data Source=.;Initial Catalog=yf;Integrated Security = True");
    con.Open();
    SqlCommand cmd = new SqlCommand("Delete From student Where studentid=@id", con);
    SqlParameter pa = new SqlParameter("@id", GridView1.Rows[e.RowIndex].Cells[0].Text);
    cmd.Parameters.Add(pa);
    cmd.ExecuteNonQuery();
    con.Close();
    GridView1.EditIndex = -1;
    bindgrid();
}
```

5.3.6　调用存储过程

1. 存储过程概述

存储过程是一组完成特定功能的 T.SQL 语句集。经编译后存储在数据库中，可以使用 T.SQL 中的 Execute 语句来运行存储过程。存储过程具有以下优点：

(1) 存储过程允许模块化程序设计。存储过程一旦创建，可在程序中调用任意次数。这样可改进应用程序的可维护性，并允许应用程序统一访问库。

(2) 存储过程能够实行较快的执行速度，存储过程是预编译的，当某一个操作包含大量的 T.SQL 代码或要分别执行多次时，则使用存储过程比直接使用单条 SQL 语句执行速度快得多。

(3) 存储过程能提高应用程序的通用性和可移植性。存储过程在创建后，可以在程序中被多次调用，而不必重新编写该存储过程 SQL 语句。用户还可以对存储过程随时进行修改，这对应用程序没有影响。

(4) 存储过程可以有效地管理用户操作的权限，在 SQL Server 中，系统管理员可以设定只有某些用户具有对指定存储过程的使用权。

2. 创建存储过程

在 SQL 中，使用 Create　Procedure 来创建存储过程，基本语法如下：

```
Create　Procedure 存储过程名[@参数名　数据类型] AS 要执行的 SQL 命令
```

可以在存储过程中声明一个或多个参数，也可以不带参数，除非定义了参数的默认值，否则在执行存储过程时必须提供所有的参数值。

下面是一个不带参数的存储过程的示例代码。

```
Create　Procedure GetAllStudentProc As Select　*　From　Student
```

下面是一个带参数的存储过程的示例代码。其中，参数以"@参数名"的形式存在。

Create　　Procedure GetOneStudentProc(@stuid char(8)) As Select　　*　　From　　Student Where StudentID = @stuid

下面的示例使用 Command 对象创建存储过程到数据库中。

SqlConnection con = new SqlConnection("Data Source=.;Initial Catalog=StudentMS;Integrated Security = True");

```
        string strSQL = "create procedure GetAllStudentsProc As Select * From tblStudents";

        SqlCommand cmd = new SqlCommand(strSQL,con );

        con.Open();

        cmd.ExecuteNonQuery();

        Response.Write("成功创建了存储过程");

        con.Close();
```

3. 存储过程

在 ADO.NET 中调用存储过程其实跟执行 SQL 命令差不多，都是通过 Command 对象来执行数据库操作。不同的是，在调用存储过程中，必须指明 Command 对象要调用的是存储过程，而不是命令文本，同时指明要调用的存储过程名称以及关联的连接对象名称。

基本语法如下：

Command 对象.Connection = 连接对象名

Command 对象.CommandText = 存储过程名

Command 对象.CommandType = CommandType.StoreProcedure

下面的示例是在页面中添加一个 GridView 控件，并实现对存储过程的调用。

SqlConnection con = new SqlConnection("Data Source =.; Initial Catalog = StudentMS; Integrated Security = True");

```
        string strSQL = "create procedure GetAllStudentsProc As Select * From tblStudents";

        SqlCommand cmd = new SqlCommand();

        cmd.Connection = con;

        cmd.CommandText = "GetAllStudentsProc";

        cmd.CommandType = CommandType.StoredProcedure;

        con.Open();

        SqlDataReader dr = cmd.ExecuteReader();

        GridView1.DataSource = dr;

        GridView1.DataBind();

        dr.Close();

        con.Close();
```

程序说明：

在这段代码中，CommandText 属性并没有指定要执行的 SQL 语句，而是指定了存储过程的名称 GetAllStudentsProc。如何区别 CommandText 属性值是 SQL 语句，还是存储过程呢？CommandType 属性用来说明 CommandText 属性值的类型，默认值是 CommandType.Text，下面的示例是两者之间执行代码的区别。

执行存储过程的代码如下：

```
cmd.CommandText = "GetAllStudentsProc";
cmd.CommandType = CommandType.StoredProcedure;
```

执行 SQL 命令的代码如下：

```
cmd.CommandText = "Select * From  tblStudents";
cmd.CommandType = CommandType.Text;
```

存储过程也可以直接在 Command 对象的构造函数中指定，代码如下：

```
SqlCommand cmd = new SqlCommand("GetAllStudentsProc"，con);
cmd.CommandType = CommandType.StoredProcedure;
```

任务 5.4　常用控件的数据绑定

【任务目标】

(1) 掌握使用 DropDownList 控件实现数据绑定。

(2) 掌握使用 ListBox 控件实现数据绑定。

(3) 了解使用 RadioButtonList 控件实现数据绑定。

(4) 掌握使用 CheckBoxList 控件实现数据绑定。

5.4.1　DropDownList 控件的数据绑定

DropDownList 控件是一个下拉列表框，其功能是在一组选项中选择单一的值。DropDownList 控件实际上是列表项的容器，这些列表项都属于 ListItem 类型。因此在编程中处理列表项时，可以使用 Items 集合。当将数据源绑定在 DropDownList 控件上，在下拉列表框事件被触发时，数据就在 DropDownList 的下拉列表框中显示出来。

下面的示例是查询出所有班级的班级名称，并显示在 DropDownList 控件中，效果如图 5.12 所示。主要实施步骤如下：

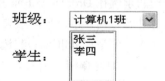

图 5.12　页面运行效果图

(1) 在页面上添加一个 DropDownList 控件，命名为 ddlClass。并将它的 AutoPostBack 属性设置为 True，这样一旦在下拉列表框中的选择发生变化，就会立即发生回送，无须再单击"提交"按钮。

(2) 在 Page_Load 事件中编写代码。把 ddlClass 控件和一个查询 Class 字段值的 DataReader 对象绑定在一起，以实现使用数据库中的数据自动填充 DropDownList 控件的效果，程序清单如下：

```
protected void Page_Load(object sender, EventArgs e)
{
    if (!Page.IsPostBack)
```

```
        {
            SqlConnection con = new SqlConnection("Data Source =.; Initial Catalog = StudentMS;
Integrated Security = True");
            SqlCommand cmd = new SqlCommand("Select distinct class From tblstudents",con );
            con.Open();
            SqlDataReader dr = cmd.ExecuteReader();
            ddlClass.DataSource = dr;
            ddlClass.DataTextField = "Class";
            ddlClass.DataBind();
            dr.Close();
            con.Close();
        }
    }
```

程序说明：

这段代码中的 if (!Page.IsPostBack)是非常重要的，这使得填充 DropDownList 控件只在页面第一次被载入时才运行，而当用户在列表中选择一项使页面发生回送时却并不会执行，这样就可以保持用户在下拉列表框中的选择不变。

5.4.2　ListBox 控件的数据绑定

ListBox 控件允许用户从预定义列表中选择一项或多项。ListBox 控件与 DropDownList 控件类似，不同之处在于它可以允许用户一次选择多项。

ListBox 控件的数据绑定与 DropDownList 控件数据绑定一样，都是通过将数据源赋给 DataSource 属性，然后再执行 DataBind()方法。实现代码如下：

```
        MyListBox.DataSource = myArrayList;
        MyListBox.DataBind();
```

下面的示例在 DropDownList 控件示例的基础上，实现用户选取班级的时候，把所选班级的学生姓名查询显示出来，效果如图 5.12 所示。因此填充 ListBox 的操作并不是在页面加载时完成，而是在 ddlClass 的选项发生变化时才执行，同时还需要查看 ddlClass 中的所选班级以决定如何查询数据库，主要实施步骤是：在页面上添加 ListBox 控件，命名为 lstStudents，将其 AutoPostBack 属性设置为 True，接着在 ddlClass 的 SelectedIndexChanged 事件中编写如下代码。

```
        protected void ddlClass_SelectedIndexChanged(object sender, EventArgs e)
        {
            SqlConnection con = new SqlConnection("Data Source =.; Initial Catalog = StudentMS; Integrated
Security = True");
            string strSQL = "Select * From tblStudents where   Class = '" + ddlClass.SelectedItem.Text + "'";
            SqlCommand cmd = new SqlCommand(strSQL,con );
            con.Open();
```

```
        lstStudent.DataSource = cmd.ExecuteReader();
        lstStudent.DataTextField = "Name";
        lstStudent.DataBind();
        con.Close();
    }
```

程序说明：

当用户选择 DropDownList 控件下拉列表框中的某一项时，该控件将引发一个 SelectIndexChanged 事件。默认情况下，此事件不会导致将页面发送到服务器，但可以通过设置 AutoPostBack 为 True 强制控件立即发送。因此，在使用的时候，应注意将 DropDownList 控件的 AutoPostBack 属性设置为 True。

5.4.3　RadioButtonList 控件的数据绑定

在某种意义上，单选按钮和前面谈到的列表框的意义是一样的，即访问者看到许多选择，但却只能选择一个。

在上一个示例中，创建了一个页面，页面上带有班级下拉列表框和显示所选班级中学生姓名的列表框。在这个示例中，需要实现同样的页面，但班级名称显示使用单选按钮列表代替下拉列表框，设计效果如图 5.13 所示。

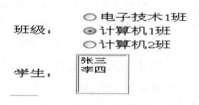

图 5.13　"单选按钮列表"界面

本例和上例的代码几乎相同，读者可以先把上一题的页面复制为新的页面，用一个 RadioButtonList 控件代替原先的 DropDownList 控件，最后适当修改代码就可以了。

5.4.4　CheckBoxList 控件的数据绑定

CheckBoxList 控件是可以选择单项或多项的复选框组，该复选框组可以通过控件绑定到数据源动态创建。

下面的示例实现多项选择，页面中每个学生名字的旁边都有一个复选框。当选择了一个或多个复选框时，就会在 DataGrid 控件中显示选中学生的姓名、性别和班级，效果如图 5.14 所示，主要实施步骤如下：

□张三	□李四	□赵六	□吴七

姓名	性别	班级
张三	男	09软件
李四	女	09系统维护

< >

图 5.14　"复选框"界面

（1）在页面中添加一个 CheckBoxList 控件，设置其属性如下：

```
<asp:CheckBoxList ID = "ckbStudent" runat = "server" AutoPostBack = "True"
    RepeatColumns = "3">
```

（2）在页面的 Page_Load 事件添加如下代码，主要用来实现从数据库获取学生姓名，并绑定到 CheckBoxList 控件中。

```
protected void Page_Load(object sender, EventArgs e)
{
    if (!Page.IsPostBack)
    {
        SqlConnection con = new SqlConnection("Data Source =.; Initial Catalog = StudentMS; Integrated Security = True");
        string strSQL = " Select * From tblStudents";
        SqlCommand cmd = new SqlCommand(strSQL, con);
        con.Open();
        ckbStudent.DataSource = cmd.ExecuteReader();
        ckbStudent.DataTextField = "Name";
        ckbStudent.DataValueField = "StudentID";
        ckbStudent.DataBind();
        con.Close();
    }
}
```

这里出现的 DataValueField 属性和前面的 DataTextField 属性不同，由它制定的字段值不会显示在列表中，但会被记录在列表的每一项中。也就是说，让复选框对应两个值，一个是显示在复选框中"Name"字段值，另一个是相对应的"StudentID"字段值，这样以后在代码中可以通过 ckbStudent.SelectItem.Text 来查看当前项的学生姓名，也可以通过 ckbStudent.SelectItem.Value 来查看当前项的学号。

(3) 添加 CheckBoxList 控件的 ckbStudent_SelectedIndexChanged 事件处理程序,主要用来获取选择的学生的信息，并显示到 GridView 中。

```
protected void ckbStudent_SelectedIndexChanged(object sender, EventArgs e)
{
    string strSQL = "";
    foreach (ListItem li in ckbStudent.Items)
    {
        if (li.Selected)
            strSQL += " StudentID = '" + li.Value + "' OR";
    }
    if (strSQL.Length > 0)
    {
        GridView1.Visible = true;
        SqlConnection con = new SqlConnection("Data Source =.; Initial Catalog = StudentMS; Integrated Security = True");
        string strSQL1 = strSQL.Substring(0, strSQL.Length.1);
        SqlCommand cmd = new SqlCommand("Select * From tblstudents where " + strSQL1, con );
```

```
        con.Open();
        GridView1.DataSource = cmd.ExecuteReader();
        GridView1.DataBind();
        con.Close();
    }
}
```

添加了 SelectedIndexChanged 事件后的 CheckBoxList 的 HTML 代码如下：

```
<asp:CheckBoxList    ID   =  "ckbStudent"   runat  =   "server"   AutoPostBack  =   "True"
OnSelectedIndexChanged = "ckbStudent_SelectedIndexChanged"
        RepeatColumns = "3">
```

任务 5.5　数据服务器控件

【任务目标】

(1) 掌握 Repeater 控件的基本工作原理与运用。
(2) 掌握 DataList 控件的基本工作原理与运用。
(3) 掌握 DataGrid 控件的基本工作原理与运用。
(4) 掌握 GridView 控件的基本工作原理与运用。

5.5.1　Repeater 控件及其运用

1. Repeater 控件基本模板介绍

Repeater 控件是一个数据绑定容器控件，它能够生成各个项的列表。它是一个迭代控件，能够重复显示数据源中的每一项。另外，该控件还能够自定义项的模板。

Repeater 控件是一个容器控件，它能够以表格形式重复显示数据源的行或列的数据。若该控件没有绑定数据源或者数据源为空，则它什么都不显示。该控件能够允许用户创建自定义列表，并且能够为这些列表提供布局。

Repeater 控件支持 5 种不同形式的模板：HeaderTemplate、FooterTemplate、ItemTemplate、AlternatingItemTemplate 和 SeparatorTemplate。HeaderTemplate 和 FooterTemplate 模板分别呈现控件的标题部分和脚注部分，即分别在控件的开始和结束处呈现文件和控件；ItemTemplate 模板为 Repeater 控件的普通项，它重复的次数和数据源中的数据项的数量相同；AlternatingItemTemplate 模板为 Repeater 控件的交替项，它一般和普通项(ItemTemplate)交替呈现数据；SeparatorTemplate 模板为 Repeater 控件的分隔项，它可以为该控件的各个项提供分隔元素，最典型的元素就是 hr 元素。

每个模板被定义为在页面显示时提交的 HTML 元素。HeaderTemplate 首先被提交，其次是 ItemTemplate(或者是 AlternatingItemTemplate)，对于绑定的数据源中的每一行，SeparatorTemplate 都被提交一次，最后 FooterTemplate 被提交。

1) 绑定数据源

Repeater 控件可以和任何数据源绑定，如 DataReader 或是 DataSet。和前面介绍的控件一样，绑定是由 Repeater 控件的 DataSource 属性指定的。设置完数据源以后，下一步就需要调用 Repeater 控件的 DataBind 方法来建立实际的绑定操作。

2) 定义模板

Repeater 控件使用的模板是通过页面设计其 HTML 视图来进行输入和编辑工作的。Repeater 控件的标识符与下面的代码类似，这里唯一必须使用的模板是 ItemTemplate。

```
<asp:Repeater ID = "Repeater1" runat = "server">
    <HeaderTemplate><!—Header template contents go here..></Header></HeaderTemplate>
    <ItemTemplate ><!..Item   template contents go here..></ItemTemplate>
    <SeparatorTemplate ><!..Separator template contents go here..></SeparatorTemplate>
    <FooterTemplate ><!..Footer template contents go here..></FooterTemplate>
</asp:Repeater>
```

使用 HeaderTemplate、SeparatorTemplate 和 FooterTemplate 工作起来非常简单，因为它们都没有和数据源绑定，仅是包含了 HTML 元素来格式化 Repeater 控件的显示。例如，如果想要将数据转换为 HTML 表格，HeaderTemplate 可以包含 HTML 标记<table>表示表格的开头部分，FooterTemplate 可以包含 HTML 标记</table>表示表格的结束部分。例如，下面的模板实现了显示一张 HTML 表格。

```
//定义 HeaderTemplate 模板
<HeaderTemplate>
    <table border = 1>
      <tr>
          <th>姓名</th>
          <th>国家</th>
      </tr>
</HeaderTemplate>
//定义 FooterTemplate 模板
<FooterTemplate >
    </table>
</FooterTemplate>
```

定义 ItemTemplate 的工作稍微有些复杂，这是因为需要指定元素从数据源中检索出数据项目，这时需要使用 DataBinder 对象的 Eval 方法。在绑定了数据源的 Repeater 控件中 DataBinder 对象是系统提供的，它的 Eval 方法可以从指定的列中检索数据，语法为：

```
DataBinder.Eval(Container.DataItem, column);
```

Container 关键字用来引用容器，在这里就是 Repeater 控件。DataItem 指定数据的当前行。Column 是一个字符串，用来指定需要检索的列的列名。当 Repeater 控件和 DataReader 绑定时，这就是一个列名，语法为：

```
DataBinder.Eval(Container.DataItem, "Name");
```

在 ItemTemplate 中，设计 DataBinder 的表达式必须放在特殊的 HTML 标记内，如：<%#
DataBinder.Eval(Container.DataItem,"Name") %>。例如，下面的模板实现了分别绑定到数据
库中的 Name 字段和 Class 字段。

```
//定义 ItemTemplate 模板
<ItemTemplate >
    <%# DataBinder.Eval(Container.DataItem,"Name") %>
    <%# DataBinder.Eval(Container.DataItem,"Class") %>
</ItemTemplate>
```

以同样的方式显示这些数据但改为用加粗字体，将使用上面提供的 ItemTemplate 的同
时，还要包括下面的 AlternatingItemTemplate。例如，下面的模板实现了分别绑定到数据库
中的 Name 字段和 Class 字段，但用粗体显示。

```
//定义 AlternatingItemTemplate 模板
<AlternatingItemTemplate >
    <b>
        <%# DataBinder.Eval(Container.DataItem,"Name") %>
        <%# DataBinder.Eval(Container.DataItem,"Class") %>
    </b>
</AlternatingItemTemplate>
```

有些读者可能认为 SeparatorTemplate 是多余的，因为可以在每个 ItemTemplate 结束的
位置放置想要的分隔符而得到同样的效果，但这是不太一样的。任何放置在 ItemTemplate
结束位置的元素将在每一行特别是最后一行后面进行提交。与之相反，放置在
SeparatorTemplate 中的元素是显示在行与行之间的，而不是显示在最后一行的。例如，下
面的模板实现了在行与行之间显示虚线。

```
<SeparatorTemplate >
    ....................<br>
</SeparatorTemplate>
```

2. 使用 Repeater 控件显示记录

下面的示例用 Repeater 实现控件在一个蓝白相间背
景的表格中显示学生信息，主要实施步骤如下：

(1) 切换到页面的 HTML 视图，编写 Repeater 控件
的 HTML 代码如下。然后定义其显示格式，回到页面的
设计视图，设计效果如图 5.15 所示。

```
<asp:Repeater ID = "Repeater1" runat = "server">
    <HeaderTemplate>
        <table border = 1>
            <tr>
                <td>姓名</td>
                <td>班级</td>
```

图 5.15　Repeater 控件设计效果图

```
                    <td>城市</td>
                </tr>
            </HeaderTemplate>
            <ItemTemplate >
                <tr>
                    <td><%# DataBinder.Eval(Container.DataItem,"Name") %></td>
                    <td><%# DataBinder.Eval(Container.DataItem,"Class") %></td>
                    <td><%# DataBinder.Eval(Container.DataItem,"City") %></td>
                </tr>
            </ItemTemplate>
            <AlternatingItemTemplate >
            <tr bgcolor = "#669988#">
                <td><%# DataBinder.Eval(Container.DataItem,"Name") %></td>
                <td><%# DataBinder.Eval(Container.DataItem,"Class") %></td>
                <td><%# DataBinder.Eval(Container.DataItem,"City") %></td>
            </tr>
            </AlternatingItemTemplate>
            <FooterTemplate >
                </table>
            </FooterTemplate>
        </asp:Repeater>
```

(2) 在 Page_Load 事件中编写如下代码，以绑定数据源。

```
SqlConnection con = new SqlConnection("Data Source =.; Initial Catalog = StudentMS; Integrated Security = True");
SqlCommand cmd = new SqlCommand("Select * From tblstudents",con );
con.Open();
Repeater1.DataSource = cmd.ExecuteReader();
Repeater1.DataBind();
con.Close();
```

5.5.2　DataList 控件及其运用

1. DataList 控件基本模板介绍

DataList 控件是对 Repeater 控件的增强。和 Repeater 控件一样，它可以在行中显示数据，而且它还可以在非指标格式下显示数据，并且能够对它进行配置，使得用户可以编辑或删除信息，选择行或是执行一些 Repeater 控件所不能完成的操作。

DataList 不但可以以某种格式重复显示数据，而且还能够将样式应用于这些格式。DataList 控件还能控制数据显示的方向，即可以横向和纵向显示数据。DataList 控件不但支持 Repeater 控件所有的模板，而且还支持编辑模板(EditItemTemplate)和选择模板

(SelectedItemTemplate)。另外，DataList 控件还为这些模板提供了相应的样式。

DataList 控件支持 7 种不同形式的模板：HeaderTemplate、FooterTemplate、ItemTemplat、AlternatingItemTemplate、EditItemTemplate、SelectedItemTemplate 和 SeparatorTemplate。

HeaderTemplate 和 FooterTemplate 模板分别呈现控件的标题部分和脚注部分，即分别在控件开始和结束处呈现文本和控件；ItemTemplate 模板呈现控件的普通项，它往往和 AlternatingItemTemplate 模板交替呈现数据或控件；SelectedItemTemplate 模板呈现控件中被选择的数据或控件；EditItemTemplate 模板呈现编辑项的数据或控件；SeparatorTemplate 模板为各项间分隔符的模板，往往用来呈现项之间的元素。

2. 使用 DataList 控件显示记录

下面的示例使用 DataList 控件显示学生基本信息，每一行后面有"详细信息"和"删除"按钮，单击"详细信息"按钮后会使用 SelectedItemTemplate 模板显示学生的详细信息，单击"删除"按钮则使用 Command 对象执行 SQL Delete 语句来删除该学生信息，程序运行效果如图 5.16 所示。

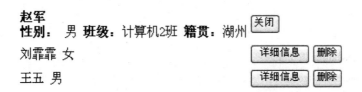

图 5.16　DataList 显示学生信息

主要实施步骤如下：

(1) 向页面中添加一个 DataList 控件，并设置 DataList 控件的 DataKeyField 属性为"StudentID"。

(2) 切换到页面的 HTML 视图模式，完成 DataList 的模板设计，具体代码如下：

```
<asp:DataList ID = "DataList1" runat = "server" OnItemCommand = "DataList1_ItemCommand"
DataKeyField = "studentid" >
    <HeaderTemplate>
        <table >
    </HeaderTemplate>
    <ItemTemplate>
        <tr>
            <td>
                <%#DataBinder.Eval (Container.DataItem,"name") %>
                <%#DataBinder.Eval (Container.DataItem,"sex") %>
            </td>
            <td>
                <asp:Button   runat = "server" Text = "详细信息" CommandName = "Select" />
                <asp:Button   runat = "server" Text = "删除" CommandName = "Delete" />
            </td>
```

```
            </tr>
        </ItemTemplate>

        <SelectedItemTemplate>
            <tr>
                <td>
                    <b> <%#DataBinder.Eval (Container.DataItem,"name") %></b><br />
                    <b>性别：</b>   <%#DataBinder.Eval (Container.DataItem,"sex") %>
                    <b>班级：</b><%#DataBinder.Eval (Container.DataItem,"class") %>
                    <b>籍贯：</b><%#DataBinder.Eval (Container.DataItem,"city") %>
                </td>
                <td>
                    <asp:Button  runat = "server"   Text = "关闭" CommandName = "unselect" />
                </td>
            </tr>

        </SelectedItemTemplate>
        <FooterTemplate>
        </table>
        </FooterTemplate>
    </asp:DataList>
```

(3) 使用 DataBind 过程实现学生数据信息查询，具体代码如下：

```
private void DataBind()
{
    SqlConnection con = new SqlConnection("Data Source =.; Initial Catalog = StudentMS; Integrated
Security = True");
    try
    {
        SqlDataAdapter da = new SqlDataAdapter("Select * From tblstudents", con);
        DataSet ds = new DataSet();
        con.Open();
        da.Fill(ds, "stu");
        DataList1. DataSource = ds.Tables["stu"];
        DataList1.DataBind();
    }
    catch (SqlException ex)
    {
        Response.Write(ex.Message);
    }
```

```
        con.Close();
    }
    protected void DataList1_ItemCommand(object source, DataListCommandEventArgs e)
    {
        switch (e.CommandName)
        {
        case "select":
                DataList1.SelectedIndex = e.Item.ItemIndex;
                databind();
                break;
        case "unselect":
                DataList1.SelectedIndex = -1;
                databind();
                break;
        case "delete":
                SqlConnection con = new SqlConnection("Data Source =.; Initial Catalog = StudentMS;
Integrated Security = True");
                SqlCommand cmd = new SqlCommand("Delete from tblstudents where studentid= '" +
DataList1.DataKeys[e.Item.ItemIndex ] + "'", con );
                con.Open();
                cmd.ExecuteNonQuery();
                con.Close();
                databind();
                break;
        }
    }
```

5.5.3　DataGrid 控件及其运用

在所有可以显示数据源的 ASP.NET 控件中，DataGrid 控件功能最强大。它除了可以采用表格的方式显示表之外，还具有分页显示、创建"选择""编辑""更新""取消"按钮以及添加排序等功能。

1. 在 DataGrid 控件中显示数据

DataGrid 控件以表格的形式显示数据，通过编辑 DataGrid 控件的属性可以实现对其中显示的数据进行选择、编辑、更新以及添加排序、分页等功能。

在 DataGrid 控件中显示数据比较简单，将 DataGrid 控件绑定到一个数据源即可。绑定的基本步骤如下：

(1) 创建数据库连接，并把从数据库中提取出的数据存放在一个 DataSet 对象中。

(2) 设置 DataGrid 控件的 DataSource 属性为该 DataSet。

(3) 调用 DataGrid 控件的 DataBind 方法。

2. 在 DataGrid 控件中创建列

在 DataGrid 控件中可以使用"属性生成器"向控件中添加列。

3. 对 DataGrid 控件中的记录进行分页

DataGrid 控件的一个突出功能就是支持记录的分页显示。

4. 使用 DataGrid 控件显示记录

下面的示例实现的是从后台数据库中提取出学生信息表的所有信息，并绑定到 DataGrid 控件上，并实现分页显示的效果。

注意：在 Visual Studio 环境中工具箱里没有提供 DataGrid 控件，使用 DataGrid 控件需要手动输入以下代码：

```
<asp:DataGrid ID = "myGrid" runat = "server" ></asp:DataGrid>
```

在 DataGrid 控件上绑定数据源的具体操作步骤如下：

(1) 新建一个 ASP.NET 项目，并在页面的 HTML 视图方式下输入以下代码：

```
<asp:DataGrid ID = "myGrid" runat = "server" ></asp:DataGrid>
```

(2) 切换到页面的设计视图，选中 DataGrid 控件，在"属性"对话框中单击"Columns"属性后面的 按钮链接，弹出如图 5.17 所示的"myGrid 属性"对话框。

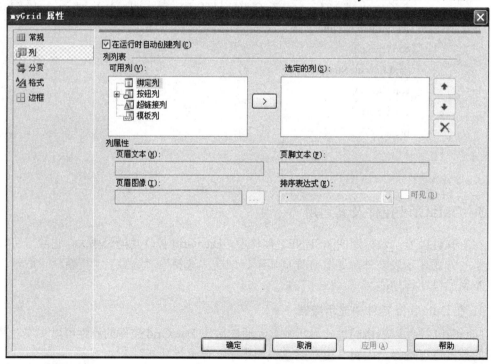

图 5.17　myGrid 属性对话框

(3) 在"myGrid 属性"对话框中，选择"列"选项卡，并把"可用列"列表框中的"绑定列"添加到"选定的列"列表框中，并设置"绑定列"的属性。单击"应用"按钮，即添加了"学号"列，如图 5.18 所示。

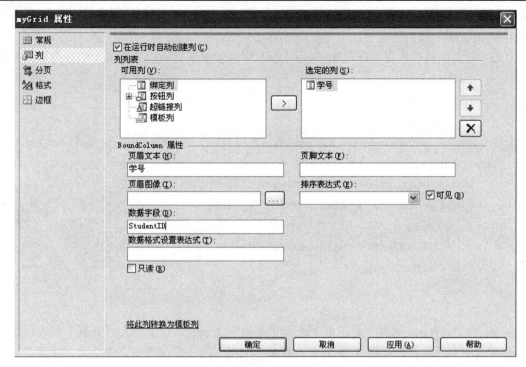

图 5.18　"绑定列"设置界面

(4) 重复步骤(2)和(3)，再创建"姓名""性别""班级""城市"列，完成后，单击"确定"按钮，保存创建结果。回到页面的设计视图，设计效果如图 5.19 所示。

学号	姓名	性别	班级	城市
数据绑定	数据绑定	数据绑定	数据绑定	数据绑定
数据绑定	数据绑定	数据绑定	数据绑定	数据绑定
数据绑定	数据绑定	数据绑定	数据绑定	数据绑定
数据绑定	数据绑定	数据绑定	数据绑定	数据绑定
数据绑定	数据绑定	数据绑定	数据绑定	数据绑定

图 5.19　设计完成后的效果图

创建完成后，DataGrid 控件部分 HTML 代码如下：

```
<asp:DataGrid ID = "myGrid" runat = "server" AutoGenerateColumns = "False" >
    <Columns>
        <asp:BoundColumn DataField = "StudentID" HeaderText = "学号"></asp:BoundColumn>
        <asp:BoundColumn DataField = "Name" HeaderText = "姓名"></asp:BoundColumn>
        <asp:BoundColumn DataField = "Sex" HeaderText = "性别"></asp:BoundColumn>
        <asp:BoundColumn DataField = "Class" HeaderText = "班级"></asp:BoundColumn>
        <asp:BoundColumn DataField = "City" HeaderText = "城市"></asp:BoundColumn>
    </Columns>
</asp:DataGrid>
```

注意：在设置 DataGrid 控件属性的时候，还需要把 AutoGenerateColumns 属性设置为

False；否则，DataGrid 控件上显示的数据不仅仅是创建的绑定列，还会显示 Select 语句中选中的那些列。

（5）在页面的初始化处理程序 Page_Load 中添加如下代码，从数据库中查询数据，并绑定到 DataGrid 控件上。

```
if (!Page.IsPostBack)
{
    SqlConnection con = new SqlConnection("Data Source =.; Initial Catalog = StudentMS;Integrated Security = True");
    string strSQL = " Select * From tblStudents";
    SqlCommand cmd = new SqlCommand(strSQL, con);
    con.Open();
    myGrid.DataSource = cmd.ExecuteReader();
    myGrid.DataBind();
    con.Close();
}
```

（6）在"myGrid 属性"对话框中选择"分页"选项卡，选中"允许分页"复选框，然后设置分页显示属性，如图 5.20 所示。单击"应用"按钮，保存创建的结果，并单击"确定"按钮退出"分页"的设置。

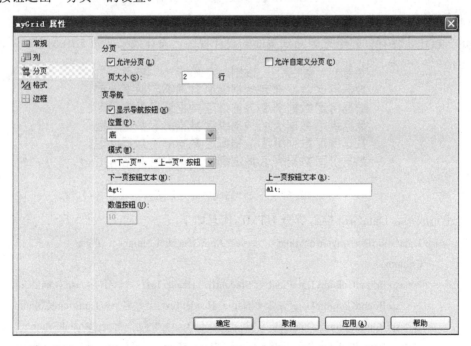

图 5.20　"分页"设置界面

（7）在"属性"对话框中单击　按钮显示事件处理视图，双击 PageIndexChanged 事件，则运行分页请求的事件处理函数。在该处理函数中，首先使用 e.NewPageIndex 来更新 DataGrid 控件的 CurrentPageIndex 属性，然后使用 DataBind 方法重新把 DataGrid 控件绑定到数据源中。PageIndexChanged 事件处理函数代码如下：

```
Protected void myGrid_PageIndexChanged(object source, DataGridPageChangedEventArgs e)
{
    myGrid.CurrentPageIndex = e.NewPageIndex;
    myGrid.DataBind();
}
```

(8) 按快捷键 Ctrl + F5，编译并运行程序，添加分页处理后的页面运行效果如图 5.21 所示。

图 5.21　页面运行效果图

5.5.4　GridView 控件及其运用

GridView 也是一个迭代控件，提供了以表格形式显示数据的功能，它与 DataList 控件相比，具有更加强大的功能，如排序、分页、自定义样式等功能。

1. GridView 控件概述

GridView 控件是 DataGrid 控件的后续控件，它可以显示、编辑和删除多种不同的数据源中的数据。这些数据源可以是数据库、XML 文件、公开数据的业务对象等。GridView 控件常用的功能有：绑定控件的数据，并显示数据；排序功能；编辑功能(包括更新和删除)；分页功能；行选择功能；保存多个键字段的值；在超链接列中使用多个数据字段；定义控件的列样式和外观；动态处理 GridView 控件的事件。GridView 控件的常用属性如表 5.6 所示。

表 5.6　GridView 控件的常用属性

属 性 名	功 能 描 述
AutoGenerateColumns	表示是否为数据源中的每个字段自动创建绑定字段
DataKeyNames	控件项的主键字段的名称
DataKeys	控件中的每一行的数据键值
EditIndex	编辑行的索引
Rows	控件中数据行的集合
Columns	控件中列的集合

2. GridView 控件的数据操作

GridView 控件具有内置的编辑数据、排序数据、数据分页的功能。

1) 编辑数据

GridView 控件具有内置的编辑功能，允许直接修改或删除数据源中的数据。该控件为每一个数据行提供了"编辑""取消""更新"和"删除"按钮。若 GridView 控件启用了编辑功能，则上述按钮将执行相应的操作。默认情况下，GridView 控件在只读模式下显示数据。若该控件处于编辑模式，则被编辑行将显示可编辑控件(如 TextBox 或 CheckBox 控件)。此时，用户可以在可编辑控件中编辑数据。单击"取消"按钮可以取消这次编辑操作，单击"更新"按钮可以把这次编辑的结果提交到数据库中。GridView 控件提供了 6 个与编辑相关的事件，如表 5.7 所示。

表 5.7　　GridView 控件与编辑相关的事件

事　件	功 能 描 述
RowEditing	单击"编辑"按钮以后，在控件进入编辑模式之前发生
RowCancelingEdit	单击"取消"按钮以后，在该行退出编辑模式之前发生
RowUpdating	单击"更新"按钮以后，在执行更新操作之前发生
RowUpdated	单击"更新"按钮，在执行更新操作之后发生
RowDeleting	单击"删除"按钮以后，在执行删除操作之前发生
RowDeleted	单击"删除"按钮时，在执行删除操作之后发生

2) 排序数据

GridView 控件提供了排序功能，能够对显示的数据进行排序。若要启用 GridView 控件的排序功能，则需要把其 AllowSorting 属性的值设置为 True。此时，GridView 控件在标题行处将列的标题显示为 LinkButton 控件，单击每一列的标题可以对该列数据进行排序。GridView 控件与排序相关的属性如表 5.8 所示。

表 5.8　GridView 控件与排序相关的属性

属　性	功 能 描 述
AllowSorting	表示是否启动排序功能
SortDirection	排序的方向
SortExpression	排序表达式

若 GridView 控件启用了排序功能，那么每一列的 SortExpression 属性的值默认设置为该列所绑定数据字段的名称。GridView 控件还提供了与排序相关的事件——Sorting 和 Sorted，它们分别在执行排序操作之前和之后发生。

3) 数据分页

GridView 控件具有内置分页功能，以分页形式显示数据源中的数据。若要启用 GridView 控件的分页功能，则需要把该控件的 AllowPaging 属性的值设置为 True。GridView 控件与分页相关的属性如表 5.9 所示。

表 5.9　GridView 控件与分页相关的属性

属　性	功　能　描　述
AllowPaging	表示是启用分页功能
PageCount	显示数据源记录所需的页数
PageIndex	当前显示页的索引
PagerSettings	PagerSettings 对象，使用该对象可以设置控件中的页导航按钮的属性
PageSize	每页所显示记录的数目

　　若启用了 GridView 控件的分页功能，那么它的数据源必须实现 ICollection 接口(集合接口)或数据集，否则将引发分页事件异常，如 GridView 控件的数据源不能为 SqlDataReader 对象。

　　GridView 控件的分页模式由 PagerSettings 属性指定，定义分页时使用的是向前和向后导航的方向控件。GridView 控件支持以下 4 种分页模式。

　　NextPrevious：显示"上一页"和"下一页"分页导航按钮。

　　NextPreviousFirstLast：显示"上一页""下一页""首页""尾页"分页导航按钮。

　　Numeric：直接显示页编号的分页导航超链接。

　　NumericFirstLast：显示页编号、"首页"和"尾页"的分页导航超链接。

　　GridView 控件还提供了与分页相关的事件——PageIndexChanging 和 PageIndexChanged，它们分别在执行分页操作之前和之后发生。

第 6 章 .NET Web 服务

Web 服务提供了一种可以在不同编程语言、不同体系架构以及不同操作系统的 Web 应用程序之间交互通信的平台。Web 服务是建立在 XML、SOAP(Simple Object Access Protocol，简单对象访问协议)、WSDL(Web Services Description Language，Web 服务定义语言)和 UDDI(Universal Description, Discovery and Integration，统一描述、查找、集成)等 Web 行业开放标准的基础上的，允许任何人开发或者使用它们。

Web Service 通过 SOAP 协议来实现 XML 格式数据的传输。WSDL 是一个用来描述 Web Service 访问方式的 XML 文档。UDDI 是用来注册发布 Web Service 和搜索发现 Web Service 信息的一个标准。

越来越多的商务应用、金融财务事务乃至公共服务使用 Web 服务模式，有人预测 Web 服务将成为未来动态商务 Web 的主流技术。

任务 6.1 一个简单的 Web 服务实例

【任务目标】

(1) 掌握如何创建一个 Web 服务。

(2) 掌握如何使用一个 Web 服务。

下面通过 Visual Studio 提供的 Web 服务为例来说明创建一个 Web 服务和使用 Web 服务的过程。创建一个 Web 服务的过程如下：

(1) 运行 Visual Studio 2010。选择菜单"文件"→"新建"→"网站"命令，在弹出的"新建网站"对话框中选择"ASP.NET Web 服务"模板(注意这是一个提供 Web 服务的网站模板)，给网站命名为"WebService1"。鼠标单击"确定"按钮，在"解决方案资源管理器"面板中，可以看到用来实现 Web 服务的"Service.asmx"文件和"Service.cs"文件，如图 6.1 所示。

图 6.1　Web 服务网站 WebService1

在 Service.cs 代码文件中，自动生成的代码如下：

```
using System;
using System.Web;
using System.Web.Services;
using System.Web.Services.Protocols;
[WebService(Namespace = "http://tempuri.org/")]
[WebServiceBinding(ConformsTo = WsiProfiles.BasicProfile1_1)]
public class Service : System.Web.Services.WebService
{
    public Service () {
        //如果使用设计的组件，请取消注释以下行
        //InitializeComponent();
    }
    [WebMethod]
    public string HelloWorld() {
        return "Hello World";
    }
}
```

在这里，模板定义了一个 public 类 Service，它继承自 System. Web.Services.WebService 类。Service 类中已经定义了一个 Web 服务方法 HelloWorld，调用该方法将返回一个"Hello World"字符串。

为了区别于其他网站的 Web 服务，可以修改 Web 的默认命名，比如可以改为 Namespace = http://www.0931.org/。

打开 Service.asmx 文件，其中只有一行代码，代码如下：

```
<%@ WebService Language = "C#" CodeBehind = "~/App_Code/Service.cs" Class = "Scrvice" %>
```

(2) 在"解决方案资源管理器"面板中鼠标右击"C:\...\WebService1\"超链接命令，在弹出的快捷菜单中选择"生成网站"命令自动生成网站。网站生成后，鼠标右击 Service.asmx 文件，在弹出的快捷菜单中选择"在浏览器中查看"命令运行 Service.asmx，结果如图 6.2 所示。此时 Web 服务页面(Service.asmx)的 URL 为 http://localhost:35278/WebService1/ Service.asmx，可记下该 URL 备用。至此，一个 Web 服务创建完毕。单击"HelloWorld"超链接，可以看到此 Web 服务的测试调用窗口，如图 6.3 所示。单击测试调用窗口左下角的"调用"按钮，可以对此 Web 服务进行调用测试，测试结果如图 6.4 所示。

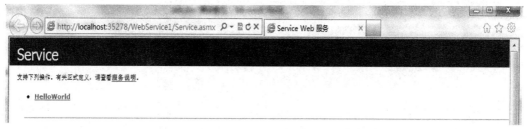

图 6.2　查看 WebService1 提供的 Web 服务

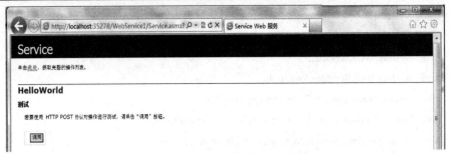

图 6.3　Web 服务的测试调用窗口

图 6.4　测试返回结果

(3) 在上述创建了一个 Web 服务的基础上，下面介绍如何使用 Web 服务，也就是如何在另一个服务器或者另一个网站上使用上述 Web 服务。

创建使用 Web 服务的网站。运行 Visual Studio 2010，选择"文件"→"新建"→"网站"命令，打开"新建网站"对话框中，选择"ASP.NET Web 网站"选项，给网站命名为"WebService2"。

在"解决方案资源管理器"面板中鼠标右击"WebService2"，在弹出的快捷菜单中选择"添加 Web 引用"命令。在图 6.5 所示的"添加 Web 引用"对话框的 URL 地址中，输入提供 Web 服务的 Service.asmx 页面的 URL(http:// localhost:35278/ WebService1/ Service.asmx)。

图 6.5　"添加 Web 引用"对话框

注意：此 URL 是之前记下备用的，是 WebService1 网站提供 Web 服务的 Service.asmx 页面的 URL，也可以在图 6.2 所示的 IE 浏览器的地址栏中查看到。

注意：发布 Web 服务的页面 URL 的端口号是随机发生变化的。另外，如果提供 Web 服务的网站在另一服务器上，则 localhost 应当是别的服务器的域名或 IP 地址。

(4) 单击"前往"按钮，待找到位于此 URL 上的 Web 服务后，输入 Web 引用名，这里命名为"WebServ1"。

单击"添加 Web 引用"对话框中的"添加引用"按钮，一个以"WebServ1"命名的 SOAP 代理类自动生成，如图 6.6 所示。其中"Service.wsdl"(Web Services Description Language，WSDL)是一个 XML 格式的描述文档，说明此 Web 服务中定义的类、方法以及所需参数等。

图 6.6 生成 WebServ1 代理类

在站点应用程序配置文件"Web.config"的<appSettings>节中，可以看到自动增加的代码如下：

```
<configuration>
  <appSettings>
    <add key = "WebServ1.Service" value = "http://localhost:35278/WebService1/Service.asmx"/>
  </appSettings>
  .......
</configuration>
```

注意：当发布 Web 服务的页面 URL 或端口号发生变化时，要在此修改"value"的值。至此，站点 A 上的 Web 服务成为站点 B 上的一个内置类，站点 B 可以通过此(内置的)代理类向 Web 服务发送请求并返回结果。

在 Default.aspx 页面中添加一个 Label1 控件、一个 Button 控件，用来调用 Web 服务和显示调用结果。Default.aspx 页面代码如下：

```
html xmlns = "http://www.w3.org/1999/xhtml" >
  <head runat = "server">
    <title>调用 Web 服务</title>
  </head>
  <body>
    <form id = "form1" runat = "server">
```

```
        <div>
            <asp:Label ID = "Label1" runat = "server" Text = "显示返回结果"></asp:Label>
            <asp:Button ID = "Button1" runat = "server" OnClick = "Button1_Click" Text = "获取 Web
服务" /></div>
        </form>
    </body>
</html>
```

在 Default.aspx.cs 的 Button_Click 中编写如下代码：

```
protected void Button1_Click(object sender, EventArgs e)
{
    //创建代理类对象实例并调用实例的方法
    WebServ1.Service simpleWebServ = new WebServ1.Service();
    string strResult = simpleWebServ.HelloWorld();
    //返回结果赋值给 Lable1
    Label1.Text = strResult;
}
```

(5) 运行 Default.aspx，单击"获取 Web 服务"按钮，在 Lable1 控件中将显示调用此 Web 服务的结果，如图 6.7 所示。

图 6.7　调用 Web 服务结果

任务 6.2　一个返回 DataSet 对象的电话区号查询 Web 服务实例

【任务目标】

(1) 掌握 DataSet 对象的应用。

(2) 熟练运用 Web 服务。

本任务为开发一个提供电话号码查询的 Web 服务：输入城市名称，即可返回一个对应的电话区号。以此为例，进一步说明一个实用的 Web Service 的创建和使用过程。

此查询类的 Web 服务返回的是一个 DataSet 对象，提供此 Web Service 的站点需要有后台数据源支持，这里使用 SQL server 2005 数据库。数据库表"telecode"的简单设计如表 6.1 所示。

表 6.1 telecode 表的字段

字段名	字段类型	主键及字段属性
Id	Int	主键，标识增量 1、标识种子 1
CityName	Nchar(10)	城市名
TelephoneCode	Nchar(10)	电话号码

Web Service 的创建过程如下：

(1) 运行 Visual Studio 2005。在"解决方案资源管理器"面板中，鼠标右击 Web 服务网站"C:\...\WebService1\"超链接命令，在弹出的快捷菜单中选择"添加"→"新建项"命令，在弹出的"添加新项. C:\...\WebService1\"对话框中，选择"SQL 数据库"命令，创建一个名为"webServInfo.mdf"的数据库及数据库表"telecode"。

(2) 将 webServInfo.mdf 放在 App_Data 文件夹中。在"服务资源管理器"面板中鼠标右击"数据连接"命令，在弹出的快捷菜单中选择"添加连接"命令，在弹出的"添加连接"对话框中，选择数据源为"Microsoft SQL Server 数据库文件(SqlClient)"命令；单击"浏览"按钮，选择数据库文件名，本任务的数据库路径是 C:\Users\Administrator\Desktop\vs2005\ WebService1\App_Data。在连接数据库时，使用 SQL Server 身份验证，单击"测试连接"按钮，测试是否成功。

在 Web.config 配置文件的<appSettings>节添加如下数据库连接字符串代码：

```
<configuration>
    <appSettings/>
    <connectionStrings>
    <add name = "webServInfoConnectionString" connectionString = "Data Source =.; Initial Catalog
= webServInfo; Integrated Security = True" providerName = "System.Data.SqlClient"/>
    </connectionStrings>
</configuration>
```

在 Service.cs 文件的 public class Service 类定义中增加一个 getTelePhoneCode WebMethod 方法。Service.cs 的实现代码如下：

```
using System;
using System.Web;
using System.Web.Services;
using System.Web.Services.Protocols;
using System.Data;
using System.Data.SqlClient;
[WebService(Namespace = "http://tempuri.org/")]
[WebServiceBinding(ConformsTo = WsiProfiles.BasicProfile1_1)]
```

```
public class Service : System.Web.Services.WebService
{
    public Service ()
    {
        //如果使用设计的组件，请取消注释以下行
        //InitializeComponent();
    }
    [WebMethod]
    public string HelloWorld()
    {
        return "Hello World";
    }
    public DataSet getTelephoneCode(string cityName)
    {
        //创建 SqlConnection 对象
        SqlConnection conn = null;
        //设置数据在内存中的缓存 DataSet
        DataSet ds = null;
        try
        {
            //从 Web.Config 中获取数据库连接字符串
            string  strconn  =  System.Configuration.ConfigurationManager.ConnectionStrings["web
ServInfoConnectionString"].ConnectionString;

            //准备 SQL 语句(模糊查询)
            string strSql = "Select * From telecode where cityName like'%" + cityName + "%'";
            //初始化 SqlConnection 类的新实例，使用 using 语句可以及时释放资源
            using (conn = new SqlConnection(strconn))
            {
                //初始化 DataSet 类的实例
                ds = new DataSet();
                conn.Open();        //打开数据库连接
                //定义一个 Adapter 执行 SQLServer 命令并保存数据
                SqlDataAdapter da = new SqlDataAdapter(strSql, conn);
                da.Fill(ds);            //给 DataSet 填充数据
                return(ds);             //返回 DataSet
            }
        }
```

```
        catch(SqlException)
        {
            return ds=null;
        }
    }
}
```

（3）在"解决方案资源管理器"面板中鼠标右击"C:\...\WebService1\"超链接命令，在弹出的快捷菜单中选择"生成网站"命令自动生成网站。网站生成后，鼠标右击"Service.asmx"文件，在弹出的快捷菜单中选择"在浏览器中查看"命令。Service.asmx运行结果如图 6.8 所示。此 Web 服务页面的 URL 是 http://localhost:35278/WebService1/Service.asmx，可记下备用。至此，一个 Web 服务创建完毕。

在图 6.8 所示的"Service Web 服务"页面中单击"getTelephoneCode"超链接，可以看到此 Web 服务的测试调用窗口，如图 6.9 所示。

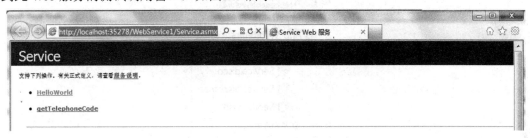

图 6.8　Service.asmx 运行结果

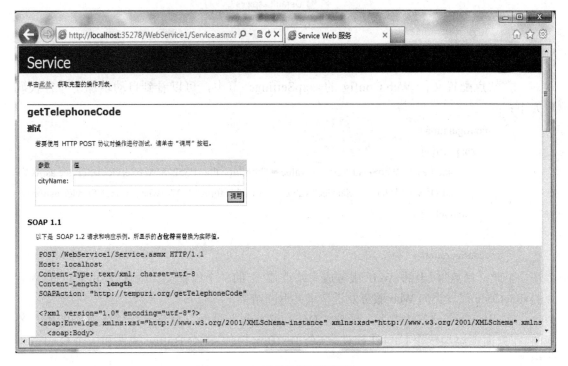

图 6.9　Web 服务的测试调用窗口

(4) 在上述创建完 Web 服务后，接下来介绍如何在另一个服务器网站上使用上述网站提供 Web 服务的过程。

运行 Visual studio 2010，打开网站 WebService。在"解决方案资源管理器"面板中鼠标右击"C:\...\WebService2\"超链接命令，在弹出的快捷菜单中选择"添加 Web 引用"命令。在打开的"添加 Web 引用"对话框的 URL 地址栏中，输入提供 Web 服务的 Service.asmx 页面的 URL(http://localhost:35278/WebService1/Service.asmx)。

单击"前往"按钮，找到位于此 URL 上的 Web 服务后，输入 Web 引用名，这里命名为"TeleCode"。

单击"添加引用"按钮，在"解决方案资源管理器"面板中，可以看到一个以"TeleCode"命名的 SOAP 代理类自动生成，如图 6.10 所示。

图 6.10　生成的 TeleCode 代理类

在站点配置文件 Web.Config 的<appSettings>节中，可以看到自动增加了一行代码如下：

```
<configuration>
    <appSettings>
        <add key = "WebServ1.Service" value = "http://localhost:35278/WebService1/Service.asmx"/>
        <add key = "TeleCode.Service" value = "http://localhost:35278/WebService1/Service.asmx"/>
    </appSettings>
    …..
    </configuration>
```

至此，站点 1 上的 Web 服务成为站点 2 上的一个内置类，站点 2 可通过此(内置的)TeleCode 代理类向 Web 服务发送请求并返回结果。

在 WebService2 站点下，新建"Default2.aspx"页面，用来充当输入查询的用户界面。在页面上添加一个 Lable1 控件、一个 TextBox 控件、一个 Button 控件和一个 GridView 控件。

"Default2.aspx" 页面的 HTML 代码如下：

```
<html xmlns = "http://www.w3.org/1999/xhtml" >
<head runat = "server">
    <title>Web Service 查询电话区号</title>
</head>
<body>
    <form id = "form1" runat = "server">
        <div>
            <asp:Label ID = "Label1" runat = "server" Text = "输入城市名"></asp:Label>
            <asp:TextBox ID = "TextBox1" runat = "server"></asp:TextBox>
            <br />
            <asp:Button ID = "Button1" runat = "server" Text = "查询电话区号" />
            <asp:GridView ID = "GridView1" runat = "server" AllowPaging = "True" PageSize = "6">
            </asp:GridView>
        </div>
    </form>
</body>
```

在 "Default2.aspx.cs" 文件的 Button1_Click 中编写代码如下：

```
protected void Button1_Click(object sender, EventArgs e)
{
    if (this.TextBox1.Text != "")
    {
        string city_name = this.TextBox1.Text;
        //创建代理类实例
        TeleCode.Service TeleCodeWebServ = new TeleCode.Service();
        //创建 DataSet 类实例
        DataSet ds = new DataSet();
        //调用代理类的实例方法，返回 DataSet 对象
        ds = TeleCodeWebServ.getTelephoneCode(city_name);
        //给 GridView 控件指定数据源
        this.GridView1.DataSource = ds;
        this.GridView1.DataBind();//执行绑定
    }
    else
    {
        Response.Write("<script>alert('查询区号请输入城市名称！')<script>");
    }
}
```

(5) 运行"Default2.aspx"代码，输入省份或城市名，鼠标单击"查询电话区号"按钮，调用 Web 服务结果，分别如图 6.11 和图 6.12 所示。

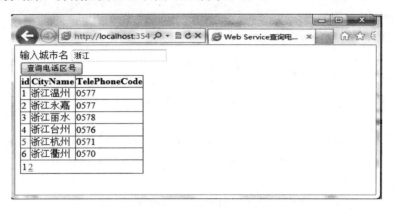

图 6.11　调用 Web 服务结果(1)

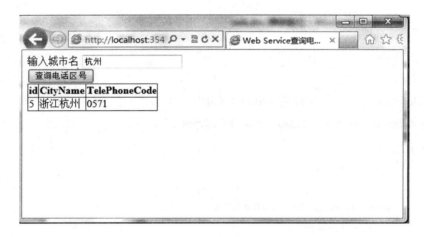

图 6.12　调用 Web 服务结果(2)

任务 6.3　使用 Web 服务查询发布天气预报

【任务目标】

(1) 熟练运用 Web 服务。

(2) 掌握 Web 服务的使用和创建。

在 Internet 上可检索到一些免费的提供天气预报 Web 服务的网站，比如 http://www.ayandy.com/(China)、http://www.xmethods.net/(United States)等。

在 IE 中打开 http://www.ayandy.com/service.asmx，该网站 Web 服务测试调用窗口如图 6.13 所示。注意查看 Web 方法 getWeatherbyCityName 的输入参数(城市中文名称、今天/明天/后天)和返回数据(一个有 7 个元素的一维数组，从 String a[1]～a[6]分别代表城市、天气、温度、风向、日期和天气图标地址)。

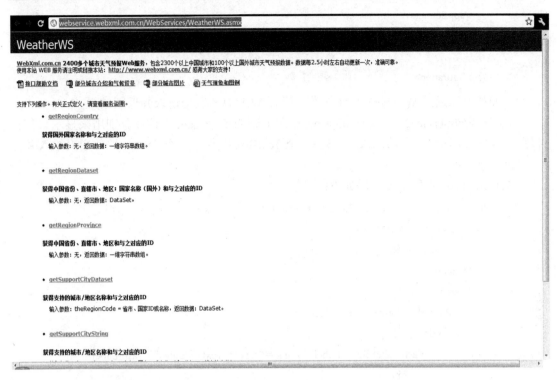

图 6.13　http://webservice.webxml.com.cn /Web Services/WeatherWS.asmx 服务的测试调用窗口

下面的操作步骤简单说明了如何使用 http：//www.ayandy.com/提供的 Web 服务在自己的网站上查询、发布天气预报。

(1) 运行 Visual Studio 2010，打开网站 WebService2。

(2) 在"解决方案资源管理器"面板中鼠标右击"C:\...\WebService2\"超链接命令，在弹出的快捷菜单中选择"添加 Web 引用"命令。然后在打开的"添加 Web 引用"对话框的 URL 地址栏中，输入提供 Web 服务的 WeatherWS.asmx 页面的 URL(http://webservice.webxml.com.cn/ WebServices/WeatherWS.asmx)。注意计算机需要连接上 Internet。

单击"前往"按钮，找到位于此 URL 上的 Web 服务后，输入 Web 引用名，这里命名为"WeatherWS"。

(3) 单击"添加引用"按钮，在"解决方案资源管理器"面板中，可以看到一个以"WeatherWS"命名的 SOAP 代理类自动生成。

在站点配置文件 Web.Config 的<appSettings>节中，可以看到又自动增加了一行代码如下：

```
<configuration>
    <appSettings>
        <add key = "WebServ1.Service" value = "http://localhost:35278/WebService1/Service.asmx"/>
        <add key = "TeleCode.Service" value = "http://localhost:35278/WebService1/Service.asmx"/>
        <add key = "webservice.WeatherWS" value = "http://webservice.webxml.com.cn/WebServices/
WeatherWS.asmx"/>
```

```
        </appSettings>
        <connectionStrings/>
        ..........
    </configuration>
```

下面就可以通过 WeatherWS 代理类向远程 Web 服务发送请求并返回结果了。

(4) 在 WebService2 的 Default3.aspx 页面上添加 5 个 Lable1 控件分别用来显示城市、日期、天气、温度、风向信息等；添加一个 TextBox 控件、一个 Button 控件用来输入并提交查询信息。

Default3.aspx 页面主要代码如下：

```
<html xmlns = "http://www.w3.org/1999/xhtml" >
    <head runat = "server">
        <title>无标题页</title>
    </head>
    <body>
        <form id = "form1" runat = "server">
            <div>
                <asp:Label ID = "Label1" runat = "server" Text = "Label"></asp:Label>
                    <br />
                <asp:Label ID = "Label2" runat = "server" Text = "Label"></asp:Label><br />
                <asp:Label ID = "Label3" runat = "server" Text = "Label"></asp:Label><br />
                <asp:Label ID = "Label4" runat = "server" Text = "Label"></asp:Label><br />
                <asp:Label ID = "Label5" runat = "server" Text = "Label"></asp:Label> <br />
            <div>
                输入城市名
                <asp:TextBox ID = "TextBox1" runat = "server"></asp:TextBox>
                <asp:Button ID = "Button1" runat = "server" OnClick = "Button1_Click" Text = "查询
天气" /> </div>
            </div>
        </form>
    </body>
</html>
```

(5) 在 Default3.aspx.cs 的 Page_Load 事件上编写代码发布本地天气预报信息、在 Button1_Click 事件代码处理页面提交查询信息。

Default3.aspx.cs 的实现代码如下：

```
using System;
using System.Data;
using System.Configuration;
using System.Collections;
```

```
using System.Web;
using System.Web.Security;
using System.Web.UI;
using System.Web.UI.WebControls;
using System.Web.UI.WebControls.WebParts;
using System.Web.UI.HtmlControls;
public partial class Default3 : System.Web.UI.Page
{
    protected void Page_Load(object sender, EventArgs e)
    {
        if (!Page.IsPostBack)
        {
            //创建代理类对象实例
            WeatherWs.WeatherWS WeatherWebServ = new WeatherWs.WeatherWS();
            string[] WeatherForecastToday = WeatherWebServ.getWeather("杭州", "");
            //将返回数据绑定到页面显示控件
            Label1.Text = WeatherForecastToday[0];
            Label2.Text = WeatherForecastToday[7];
            Label3.Text = WeatherForecastToday[4];
            Label4.Text = WeatherForecastToday[5];
            Label5.Text = WeatherForecastToday[6];
        }
    }
    protected void Button1_Click(object sender, EventArgs e)
    {
        //创建代理类对象实例
        WeatherWs.WeatherWS WeatherWebServ = new WeatherWs.WeatherWS();
        string[] WeatherForecastToday = WeatherWebServ.getWeather(TextBox1.Text, "");
        //将返回数据绑定到页面显示控件
        Label1.Text = WeatherForecastToday[0];
        Label2.Text = WeatherForecastToday[7];
        Label3.Text = WeatherForecastToday[4];
        Label4.Text = WeatherForecastToday[5];
        Label5.Text = WeatherForecastToday[6];
    }
}
```

（6）TextBox1.Text 为用户输入的需要查询天气的城市名称。运行 Default3.aspx 代码运行效果如图 6.14 和图 6.15 所示。

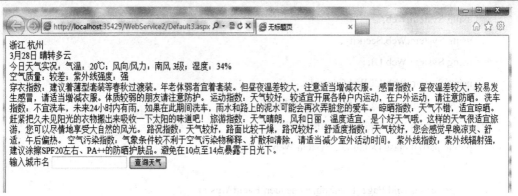

图 6.14　天气预报 Web 服务(1)

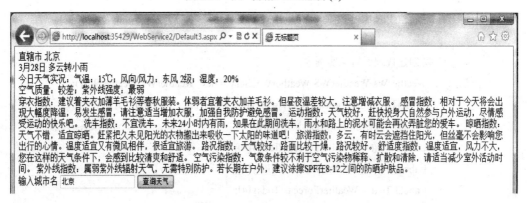

图 6.15　天气预报 Web 服务(2)

　　Web Service 可以返回字符串、整数、逻辑值、数组、日期等基本类型数据，也可以返回一个类或 DataSet 对象。DataSet 是数据库返回的数据在服务器端内存中的缓存，通过 Web Service 发送 DataSet，服务器端无须再连接数据库。在互联网上可以找到越来越多的返回 DataSet 的 Web Service 并使用它们，也可以创建并注册类似的 Web Service，让更多的互联网用户使用它。